毛细管平面辐射空调技术

刘学来　李永安　著

北　京
冶金工业出版社
2022

内 容 提 要

本书共分 7 章,第 1 章简要介绍了建筑空调和平面辐射空调的研究现状,第 2 章介绍了空气温湿度独立控制理论,第 3~7 章分别介绍了毛细管平面辐射空调节能及舒适性、热工特性、冷热负荷的计算、系统设计以及系统适宜性。

本书可供从事暖通空调设计和研究的工程技术人员和管理人员阅读,也可供高等院校建筑环境相关专业师生参考。

图书在版编目(CIP)数据

毛细管平面辐射空调技术/刘学来,李永安著.—北京:冶金工业出版社,2016.10 (2022.8 重印)

ISBN 978-7-5024-7364-8

Ⅰ.①毛… Ⅱ.①刘… ②李… Ⅲ.①毛细管—空调技术 Ⅳ.①TB657.2

中国版本图书馆 CIP 数据核字(2016)第 251219 号

毛细管平面辐射空调技术

出版发行	冶金工业出版社	电 话	(010)64027926
地 址	北京市东城区嵩祝院北巷 39 号	邮 编	100009
网 址	www.mip1953.com	电子信箱	service@ mip1953.com

责任编辑 王悦青 美术编辑 彭子赫 版式设计 杨 帆
责任校对 禹 蕊 责任印制 禹 蕊
北京富资园科技发展有限公司印刷
2016 年 10 月第 1 版,2022 年 8 月第 2 次印刷
710mm×1000mm 1/16;10 印张;193 千字;150 页
定价 40.00 元

投稿电话 (010)64027932 投稿信箱 tougao@cnmip.com.cn
营销中心电话 (010)64044283
冶金工业出版社天猫旗舰店 yjgycbs.tmall.com
(本书如有印装质量问题,本社营销中心负责退换)

前　言

传统空调系统的弊病，如吹冷风问题、噪声问题、为保证室内空气新鲜不断开窗问题等不断凸显出来。为了解决上述问题，提高建筑空间内的舒适度，减少长期处于空调环境的不适，山东建筑大学"毛细管平面空调"课题组从2004年开始进行毛细管平面空调的研究。先后参加这项工作的有：戎卫国教授、刘学亭研究员，以及顾皓、马玉奇、薛红香、田丹丹、孙娟娟、闫佳佳、崔新阳、原军伟、王婷婷、吴杰、李玉苹、李寒梅、史丽娜、刘舒涵等，一大批对该课题感兴趣的新同学陆续加入。相关工作还得到了山东城市建设职业学院孟繁晋老师和山东建筑大学热能工程学院诸多教师的大力协助和支持。"毛细管平面空调"课题组形成的良好学术研究环境，保证了研究工作的顺利进行，先后得到山东省科技发展计划项目"毛细管平面辐射空调关键技术的研究与示范（2008GG30006005）"、"毛细管平面辐射空调系统的研究与工程应用（2014GSF116007）"的支持，感谢山东省科技发展计划研究经费的大力支持，使得课题组研究得以持续并取得丰硕的成果，同时能够不断培养出新的研究人才。

本书是"毛细管平面空调"近年部分成果的集中体现，同时也是近年来课题组对室内毛细管平面空调系统理论研究和工程设计的初步总结，对毛细管平面辐射空调的节能效果、舒适度、热工特性、冷热负荷计算方法、系统设计、系统的适宜性等进行了较为深入的论述。

书中各章参加编撰的人员如下：

第1章　刘学来、李永安

第2章　李永安、刘学来、顾皓、马玉奇、薛红香

第3章　薛红香、孙娟娟、刘学来、戎卫国

第4章　崔新阳、原军伟、刘学来、闫佳佳、田丹丹

第 5 章　吴杰、刘学来、王婷婷、李玉苹、薛红香

第 6 章　刘舒涵、刘学来、李永安、李寒梅

第 7 章　刘学来、李永安、史丽娜、刘学亭

本书在写作过程中，中国石油大学（华东）李继志教授、山东大学韩吉田教授给予了大力支持。借本书出版之际，向他们表示衷心地感谢！

本书许多结论是基于"毛细管平面空调"课题组的初步研究成果第一次尝试性的提出，很有可能存在不妥之处，衷心希望各界同仁和广大读者批评指正，同时为了毛细管平面辐射空调这种新型空调末端形式健康持续的发展，提出更好的建议。

刘学来　李永安

2016 年 8 月

目　录

1 绪　　论

1.1　建筑空调现状及趋势

1.1.1　技术背景

1997 年 12 月在日本东京举行了《联合国气候变化框架公约》第三次缔约方大会，来自世界 149 个国家和地区的代表参会，会议通过了旨在限制发达国家温室气体排放量以抑制全球变暖的《京都议定书》。由于《京都议定书》的减排协议将于 2012 年届满，2009 年 12 月 7～18 日，在丹麦首都哥本哈根举行了第十五次缔约方会议，重点讨论 2012 年《京都议定书》第一承诺期结束后的全球应对气候变化框架[1]。会议上，欧盟承诺至 2020 年在 1990 年基础上减排 20%，如果其他发达国家有类似的减排承诺，可将这一数字提升至 30%；日本提出至 2020 年在 1990 年基础上减排 25%；中国提出到 2020 年单位 GDP 二氧化碳排放比 2005 年降低 40%～45%；印度提出至 2020 年单位 GDP 二氧化碳排放比 2005 年降低 20%～25%[2]。毋庸置疑，节能减排业已成为当前发展的关键主题。

进入 2010 年以来，我国许多城市频繁出现雾霾天气，2014 年 2 月 21 日的北京甚至达到橙色预警状态。2013 年，雾霾现象波及全国 25 个省市，全年雾霾天数在许多城市多达 30 天，比 2012 年同期高出 10 天，为 52 年来的最高值，就连旅游胜地海南都难逃雾霾侵袭。在大气环境污染日益严重的情况下，节能减排的呼声越来越高。建筑节能是当前节能减排的重点内容，且有极大的节能空间[2~4]。20 世纪 80 年代初，欧洲及北美的一些国家就提出绿色建筑与生态建筑的概念。90 年代，绿色建筑的理念开始被中国所认知。中国是世界人口大国，随着经济的飞速发展，建筑能耗也在急剧增加，所以建筑节能变得尤为重要和紧迫。我国目前建筑业迅猛发展，建筑总能耗已占我国总能耗的 20%～30%[5]。

2013 年，国家信息中心公布的数据表明建筑房间内的空调、灯光及其他用电设备的能耗占建筑总能耗的 98%。其中用电设备能耗占总能耗的 17%，灯光能耗占总能耗的 21%，而空调系统能耗占建筑总能耗的 60% 左右[6]，因此建筑节能减排的重点是空调系统。

随着我国人民生活水平的提高，空调系统除了提供适宜的温度与湿度的基本功能外，越来越多的人对空调系统的舒适性与节能性有更高的要求。回顾历史，我国传统的采暖方式是在房间内设置燃煤炉，直接采用烟气采暖，这种采暖方式燃烧效率低，烟尘污染严重，操作麻烦，劳动强度大，且存在煤气中毒等安全隐患。后来出现了土暖气供暖，但是土暖气供暖质量差，需要人24小时看守，燃烧状况时好时坏，安全稳定性差，基本没有改变燃烧效率低及污染严重的问题。改革开放之后，我国大力发展城市集中供热，中央空调系统等暖通空调方式，最近几年太阳能空调、地源热泵和平面辐射空调等新型的供暖制冷技术也得到了很大的发展。通过近几年技术的进化升级，理论研究的不断深入细致，平面辐射空调这种新型的空调末端形式受到越来越多的关注。

1.1.2　传统空调的缺陷

传统的中央空调系统自20世纪50~60年代在全世界应用至今已沿袭了几十年，尽管在这一过程中经历了不断的改进和完善，但是仍没有从本质上彻底解决其问题和缺陷。如热湿耦合处理的低温供冷问题、对流传导的风感问题、盘管送风的噪声问题等。这些问题的存在，不仅与当前人们对居住环境质量越来越高的需求相矛盾，而且高能耗问题也在当前能源日趋紧张的情况下更显得突出和严重。必须高度重视采用更节能、更先进的空调系统。

传统的空调系统采用热湿耦合处理方法。夏季采用低温水冷凝除湿方式（采用7℃的冷冻水），经过空气冷却器对空气的冷凝达到降温、除湿目的。显热负荷（排热）约占总负荷的50%~70%，而潜热负荷（排湿）约占总负荷的50%~30%。占总负荷一半以上的显热负荷部分，本可以采用高温冷源（小于室内控制温度即可）排走，却与除湿一起共用5~7℃的低温冷冻水来处理，这就造成了能源在品位上的浪费。经过冷凝除湿后的空气，虽然湿度（含湿量）满足要求，但有些场合温度过低（此时相对湿度约为90%），只好对空气进行再热处理，使之达到送风温度的要求，这就造成了能源的进一步浪费。图1-1所示为一次回风的全空气系统空气处理，从中不难发现，过程 $L-C$ 为再热过程，致使传统空调系统能源浪费明显[7]。下面对传统空调存在缺陷进行分析。

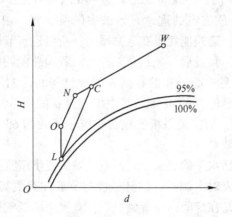

图1-1　一次回风的全空气系统空气处理

（1）热湿耦合处理的能量损失问题。传统的空调系统普遍采用的是热湿耦合处理的方式，即利用低温冷冻水（7℃）经空气冷却器对空气进行处理，空气的冷却和冷凝除湿同时完成，然后送入室内，去除室内的显热负荷和潜热负荷。如果空调送风仅满足室内排热的要求，冷冻水的温度低于室内空气的干球温度（约25℃）即可，考虑传热温差与介质的输送温差，冷冻水的温度也只需要15～18℃。传统空调热湿耦合处理的方式需要同时满足排湿的要求，由于采用冷凝除湿方法，冷冻水的温度需要低于室内空气的露点温度，考虑到5℃传热温差和5℃介质输送温差，从而就不得不使冷冻水的温度降到5～7℃。占总负荷一半以上的显热负荷部分，本可以采用高温冷冻水来处理，却与除湿一起共用5～7℃的低温冷冻水进行处理，造成能量品位利用上的极大浪费。而且，经过冷凝除湿后的空气，虽然湿度（含湿量）满足要求，但由于温度过低，许多情况下还要对空气进行再热处理，以达到送风温度，这就造成了能源的进一步浪费。

（2）显热负荷与潜热负荷不相协调问题。显热负荷由围护结构传热、太阳辐射、室内人员与设备散热等部分组成。潜热负荷则由室内人员、敞开水面、植物蒸发等散湿部分构成。通过冷凝方式对空气进行冷却和除湿，其热湿比只能在一定的范围内变化，而建筑物实际需要的热湿比却有较大的变化范围。一般说来，室内的湿负荷产生于人体，当居住人数不变时，产生的潜热不变。但显热却随气候、室内设备状况等的不同发生较大幅度的变化。而另一些场合，室内人数有可能有大范围变化，但很难与显热量的变化成正比。这种变化的热湿比与传统的热湿耦合空气处理方式的基本固定的热湿比不相匹配。因此一般是牺牲对湿度的控制，通过仅满足室内温度的要求来妥协。这就造成室内相对湿度过高或过低。过高的结果是不舒适，进而通过降低室温来改善热舒适，造成能耗不必要的浪费，相对湿度过低也将导致室内外焓差增大而使处理室外新风的能耗增加。

（3）室内环境及空气品质的问题。空调在改善人民生活质量和提高生产效率的同时，也带来了能源与环境的双重危机。室内环境的健康问题也越来越引起关注，影响室内健康因素主要有霉菌、粉尘和室内散发的 VOC（可挥发有机物）等造成。传统的空调系统是通过冷表面对空气进行降温除湿。这就导致冷表面成为潮湿表面甚至产生积水。室外空气中致病微生物进入到组合式空调箱或室内末端风机盘管中，它们就会黏附在冷表面上和沉降在凝结水盘中。而冷表面高湿的特点正有利于滋生和繁殖大量的病原微生物，最终导致将其送入房间。空调系统繁殖和传播霉菌成为可能引起健康问题的主要原因。

传统空调系统为排除室内装修与家具产生的 VOC、排除人体散发的异味、降低室内 CO_2 浓度，最有效的措施是加大室内通风换气量。然而大量引入室外空气就需要消耗大量冷量（冬季为热量）去对室外空气降温除湿（冬季为加热）。当建筑物围护结构性能较好室内发热量不大时，处理室外空气需要的冷量可达总冷量的一半或一半以上，造成空调能耗加大。

（4）空调末端装置的噪声问题。为排除余热余湿，同时又不使送风温度过低，就要求有较大的循环风量，会产生室内较大的空气流动，使居住者产生不适的吹风感。很大的风量还极容易引起空气噪声，并且很难有效消除。在冬季，为了避免吹冷风，还要增加一套暖气系统实现供热，造成室内重复安装两套环境控制系统。

（5）输送能耗问题。为完成室内环境控制的任务，就需要输配系统以带走余热、余湿、CO_2、气味等。在中央空调系统中，风机、水泵等输送能耗占空调能耗的 40% ～70% 。

可见，传统空调系统明显具有自身存在的、难以克服的局限性，不论从满足人们日益增长的室内舒适性要求、保障人们的健康、保护我们人类共同生活的地球环境，还是保证我国国民经济持续健康发展的角度，发展新型健康节能的中央空调系统都有着深远的意义。

1.1.3 平面辐射空调简介

平面辐射空调是一种新型的空调末端形式，其本身是具有换热功能的换热器，它与合适的冷热源组成复合空调系统联合运行时，节能性显著。

平面辐射空调技术源于 1907 年的英国 Arthur H. Barker 教授，他将热水管道埋于地板中，取得了很好的采暖效果。之后 20 世纪 70 年代，北欧等地区的建筑节能工作者对辐射供冷进行了大量研究[7]。

辐射供冷（供暖）末端装置按照其结构形式不同划分为三大类[8,9]。

一类是辐射供暖楼板，将塑料管理在水泥楼板中，形成辐射地板或顶板，如图 1 - 2 所示，称为"水泥核心"结构（concrete core system，简称 C 型）。这一结构在瑞士得到较广泛的应用，在我国住宅建筑如济南太阳树小区等中有所应用。这种辐射板结构具有较大的蓄热能力，但是启动时间长，动态响应慢，不利于控制调节。

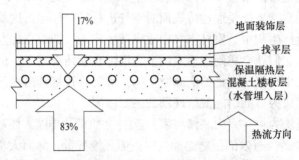

图 1 - 2 "水泥核心"结构的混凝土埋管系统示意图

另一类是以金属或塑料为材料,制成模块化(module panel)的辐射板,形成冷辐射吊顶或墙壁,这类辐射板的结构形式多种多样,如图1-3所示,又称为"三明治"结构(sandwich,简称S型)。该结构的辐射吊顶板集装饰和环境调节功能于一体,是目前应用较广泛的辐射板结构。具有对负荷反应迅速灵敏、占用室内空间小、安装、检修方便,运行噪声低等特点。但S型辐射板质量大、耗费金属较多,价格偏高,表面温度分布不均匀等。

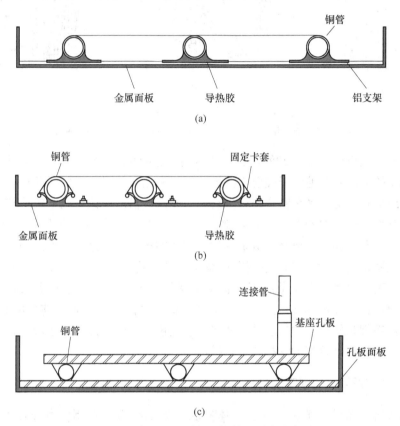

图1-3 常见的几种金属辐射板形式示意图

第三类就是毛细管平面辐射空调系统(capillary tubes mat air-conditioning system),当用作供冷时也被称为"毛细管格栅"(capillary grid system)。管内水流速度较慢,大约在0.1~0.2m/s,因此系统的噪声低。格栅的表面积大,温度分布均匀,布置灵活,适用于新建项目和改造项目。它对冷负荷变化的反应时间介于金属辐射板和混凝土辐射板之间,如图1-4所示。

毛细管辐射板换热面积比传统的空调末端形式(散热器、风机盘管等)大得多,且由于毛细管网管壁比较薄,导热性能好,因此毛细管辐射空调相较于传统的换热器是一种高效节能的空调末端形式。毛细管辐射空调系统冬季供水温度

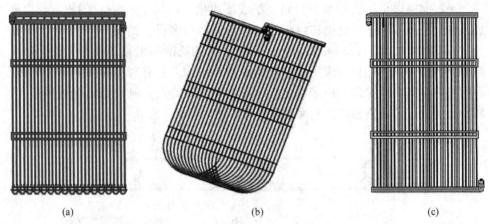

(a) (b) (c)

图 1-4 "毛细管格栅"的三种产品形式

(a) S 型毛细管格栅；(b) U 型毛细管格栅；(c) G 型毛细管格栅

30℃左右、夏季供水温度 20℃左右就能达到理想的采暖、制冷效果。因此为了提高空调系统的能效，毛细管辐射空调系统可以利用自然界中一些低品位能源为冷热源，组成复合空调系统联合运行为空调房间采暖供冷。该空调系统能够直接或间接地利用一些天然能源，如太阳能、地热能、工业余热或其他低品味能源等，从而节约化石燃料的燃烧量，减少废气、废物的排放。从这个角度来说，毛细管辐射空调系统是一种节能的建筑空调系统形式，有利于减轻日益严重的雾霾问题。以济南市为例，采用毛细管辐射空调系统代替传统的散热器等采暖末端形式，年节约标准煤可达 40 余万吨，减少二氧化碳排放 100 余万吨。由此可见，建筑采用毛细管辐射空调系统是降低能耗、发展绿色建筑的重要手段和措施，该空调方式应该得到政府的支持与重点推广。

1.1.4 毛细管平面辐射空调末端

毛细管格栅模拟植物叶脉和人体皮肤下的毛细血管机制，由外径为 3.5 ~ 5.0mm（壁厚约 0.9mm）的毛细管和外径 20mm（壁厚 2mm 或 2.3mm）的供回水主干管构成管网格栅（图 1-4），通过毛细管内流动的水来调节自身温度，从而达到与周围环境温度的平衡。毛细管格栅平面辐射空调主要以辐射方式调节室温。

毛细管格栅平面辐射空调在冬季供暖时，在系统中循环的热水温度为 28 ~ 32℃，夏季供冷时，循环水温为 18 ~ 20℃，可直接或用热泵间接利用各种工业废热、太阳能、地热或其他低温能源，节约煤、油、气等有限的、不可再生的化石能源。并能减少废物排放，保护环境。毛细管格栅平面辐射空调单位面积供热和制冷效率高，可实现快速供冷供热；毛细管格栅平面辐射空调交换面积大，室内温度均匀，能有效解决传统空调在大房间出现温度死角的问题。其具体的优点有[10]：

（1）创造优雅的室内环境。传统的风机盘管空调系统，在室内排列各种送回水管、冷凝水管、吊装风机盘管、风口，在各房间要穿墙凿洞，房间内要吊顶及制造造型，这就造成了很大空间浪费，增加层高，造成投资的浪费。而毛细管格栅平面辐射空调是一种隐形空调，安装厚度一般小于5mm，充满水质量在600～900g/m²，可以灵活布设在天花板、墙壁或地面上，且安装极为方便。这就大大减少了室内空间占用和简化了造型的复杂，既节省了建筑空间，又增强了室内美观。

（2）舒适性高。在较为舒适的情况下，人体产生的热量，按辐射45%、对流30%、蒸发25%的比例散发。辐射换热对人体的舒适感是极为重要的。毛细管格栅平面辐射空调弥补了传统空调以对流传热为主，使人体散热不适的缺点，增加了人体的瞬时辐射换热。毛细管格栅系统主要是以辐射方式换热，这种静态供冷供热模式营造出了与自然环境相类似的效果，人体在这种环境里感到自然、舒适：

1）毛细管格栅在顶棚或墙壁内均匀布置，室内温度水平分布均匀。

2）使用毛细管格栅空调时，只需要一定量的新风，送风量少，风速低，人体无吹风感。

3）由于送风量少，降低了室内空气对流的速度，降低了通风带来的空气垂直温差。

4）以辐射方式供冷供暖，室内温度变化速度快，轻柔安静，无空气流动和设备产生的噪声。

（3）室内无运转装置，噪声很小。

（4）毛细管格栅平面辐射空调系统的节能性。

1）在辐射换热作用下，人体的实感温度会比室内空气温度要低（供冷）或高（供暖），因此在相同的热感觉下与传统空调系统相比，采用毛细管格栅平面辐射空调系统的室内设计温度在夏季略高，冬季略低，建筑冷（热）计算负荷均减少，使空调能耗降低。

2）围护结构、地面和环境中的设备表面吸收辐射冷（热）量，形成天然冷（热）体，可以缓解和转移冷（热）负荷的波峰值出现的时间。

3）毛细管格栅平面承担大部分的负荷，只需要处理少量新风，送风量减小带来动力消耗的降低。

4）毛细管格栅平面辐射空调使用较高温度的冷冻水，可以采用天然低温水等，也可以提高制冷机的制冷系数，大大减少制冷机的耗能与制冷设备的投资。采暖使用较低水温热水，可直接或间接利用各种工业余热、太阳能、天然温泉水等，节约能源。

（5）毛细管格栅平面辐射空调绿色环保。毛细管格栅平面辐射空调系统封闭运行，不产生废水、废气污染。原材料卫生无毒，可回收再利用。

毛细管格栅平面辐射空调系统是一种全新的空调设计方法，它能够更高层面的创造良好的舒适环境、提高室内空气品质和节能[11]。

1.2 国内外研究现状

1.2.1 国外研究现状

由于辐射供冷能够给人们创造舒适、更接近自然的环境，所以一直是人们关心的热点。早在 20 世纪 30 年代，瑞士苏黎世一家商店就开始尝试采用辐射供暖（供冷），但是由于当时材料、控制技术等方面的限制，造成供冷量严重不足，并且还经常造成水管断裂、锈蚀、系统漏水等现象。

据文献［12］报道，直到 20 世纪 70 年代辐射吊顶作为空调系统的末端供热（供冷）形式，在许多建筑中得以广泛应用，并规定了辐射吊顶表面温度和供、回水温度等技术参数，这就是辐射供热（供冷）较为成熟技术的开始。

关于辐射供热（供冷），目前世界各国学者主要集中在如下几个方面进行研究。

1.2.1.1 辐射传热机理研究

这方面早期的研究主要是在辐射板供暖的换热机制方面[13,14]。

L. Laurenti 等人[15]、Y. Z. Xia 等人[16]，I. B. Kilkis 等人[17]、R. K. Stand 等人[18,19]通过对辐射供冷原理及物理、数学模型的研究各自提出了辐射供冷的数学模型，描述并求解了辐射供热（供冷）的热传导问题。

T. Kim 等人[20]、S. Murakami 等人[21]、C. Stetiu[22]开展的 CFD 仿真研究和能耗分析显示辐射供冷系统比全空气系统节能，并指出辐射系统代替全空气系统可节约 30% 的能源及 27% 的峰值耗电。

K. Kitagawa 等人[23]的研究表明室内微小的气流运动可以增加顶板供冷的舒适性。

以上研究主要集中在辐射平面的热传递机理、辐射对流各占比例、单位面积的散冷量、顶棚结露等问题研究，很少有关于房间动态负荷变化、对房间热负荷响应等方面的描述。

1.2.1.2 毛细管格栅与置换通风复合空调系统的研究

据文献［24］~［26］报道，有人建立了机械通风结合冷却顶板、顶部保温的金属辐射板等系统的简化计算数学模型。该模型可以用来计算自然对流情况下的冷却顶板冷却能力；还可以分析机械通风情况下，混合对流对冷却顶板的影响。

美国宾夕法尼亚州立大学 A. Novoselac 等人[27]对冷却顶板与置换通风结合系统在美国的设计和应用进行了研究，指出置换通风承担的冷负荷份额对垂直温差和室内空气品质有影响。采用冷却顶板结合置换通风系统对于靠近冷却顶板的位置空气湿度更大，这加大了顶棚结露的可能。研究针对不同气候、不同建筑类型和不同的冷负荷的设计规范显得非常重要。

美国的 C. L. Conroy 等人[28]将冷却顶板、独立新风以及消防系统结合起来，对其经济性、可行性以及各技术细节进行了分析，得出了很好的性价比。

S. A. Mumma 等人[29]给出了辐射供冷与独立新风相结合的复合空调系统的设计步骤及该复合空调系统在商业上的应用。

D. L. Loveday[30]用实验方法验证了冷却顶板/置换通风复合空调系统的热舒适性优于常规空调系统的结论。

文献［31］指出：在置换通风与冷却顶板环境中，如果室内空气令人满意的话，温度梯度在 4℃/m。

S. A. Mumma[32]在充分考虑毛细管格栅与置换通风复合系统一次投资与运行状况的情况下，研究了除湿措施。

以上研究主要集中在传统的置换通风结合毛细管格栅的舒适度、温度梯度等方面，较少涉及合适的新风量研究，室内气流组织对舒适度的研究也不多。

1.2.1.3 辐射顶板性能改进研究

伊朗学者 M. M. Ardehali 等人[33]对辐射顶板的能量交换机制进行了研究，建立了解析数学模型并与已有的文献数据进行了比较，吻合较好。

法国 J. Miriel 等人[26]利用建于雷恩的实验室对金属辐射顶板的性能、热舒适性和能耗进行了实验和模拟研究。为在法国的应用提供了有利参考数据和推广依据。

土耳其学者 A. Misirlioglu 等人[34]为了强化冷却顶板房间内的空气流动，在房间吊顶上安装了一个翼形结构，对其进行了 CFD 模拟，表明在冷却顶板房间中加上一个翼形结构可以起到增强通风的效果。

1.2.1.4 毛细管格栅空调的舒适性研究

美国供热通风工程师协会于 1919 年在匹兹堡建立了实验室，最初就是以室内气候对人的舒适和健康的影响作为研究开端。在 20 世纪 20～30 年代，英国的 H. Vernon、Bedford 和 Warner 等人一直进行着舒适性基础理论以及工业应用方面的研究工作，同时美国也进行着有关舒适性的重要实验研究工作。

20 世纪 20 年代，Houghton 和 Yaglou 等人对空气温度、湿度、气流速度等对舒适性的综合作用进行了研究，并导出了有效温度指标 ET，对热舒适的研究产生了深远的影响。[35]

20 世纪 60 年代，丹麦技术大学 P. O. Fanger[36,37]教授在总结人体环境的生理物理实验的基础上，提出了热舒适方程，并给出了热舒适指标即预计平均舒适度 PMV(predicted mean vote) 和预计不满意率 PPD(predicted percentage of dissatisfaction)。该指标是目前国际上公认的能较好地反映人体热舒适性的指标，前者是七度热感觉尺度的客观评价，后者是对环境不满意的人员百分数，两个热舒适指标都是大量人员受试后的统计结果。

X. X. Yuan 等人[38]研究了换气次数、冷负荷、热源位置、围护结构及房间高度对置换通风空调系统运行的影响，进行了温度梯度、风速、污染物分布对舒适性、节能影响的分析。并对毛细管格栅结合置换通风空调系统的一次投资进行了分析。

J. Miriel 等人利用 TRANSYS 软件，对利用冷却吊顶进行夏季供冷的房间舒适性和能耗情况进行了模拟研究，指出为了避免结露，吊顶表面温度不能低于 17℃。[39]

以上研究主要集中在温度梯度、风速、污染物等因素对舒适度的影响，较少涉及在较好的舒适度情况下，空调的设计参数的数值范围，或能够应用于设计的合适参数。

1. 2. 1. 5　毛细管格栅空调适应性研究

新加坡的 R. Kosonen 等人[40]和泰国的 P. Vangtook 等人[41,42]对高温高湿气候下的通风冷却顶板可行性进行了实验研究和模拟，研究表明减少渗透进风，独立新风足以排除室内湿负荷。辅以有效的防凝露控制措施完全可以在新加坡、泰国这样的气候条件下使用冷却顶板。

韩国学者 J. H. Lim 等人[43]针对韩国人喜欢席地而坐的生活习惯，对辐射供冷系统的控制进行了研究，研究表明采用水温控制比水流控制效果更好。

日本学者 K. Nagano 等人[44]就医院病床或卧室中，人处于仰卧状态下，采用毛细管格栅的控制参数进行了实验研究，得出了人在仰卧状态下达到舒适时的设计参数。

日本东京大学的 D. Song 等人[45]研究了在夏季将自然通风引入室内的辐射板供冷情况。他们采用 CFD 模拟和实验的方法对辐射板设置在工作区的情况进行研究。结果表明这种设置会产生凝结水，并给出通过凝水盘收集凝结水，然后排走，为了防止霉菌滋生繁殖，应在辐射板上涂以抑制霉菌生长剂或杀菌剂。

荷兰的 J. Niu 等人[46]用逐时模拟法对冷却顶板与全空气系统进行了比对研究。得出在荷兰气候条件下，冷却顶板与变风量系统可以很好的兼容，并且性能优于全空气系统。

1. 2. 1. 6　毛细管格栅空调节能技术研究

温湿度独立控制技术和独立新风系统 (dedicated outdoor air – conditioning system，DOAS）是毛细管格栅空调的两大基础，文献［47］介绍了其主要的特点是系统的节能潜力巨大；回风与新风无被动混合，这大大降低了细菌利用空调进行传播的可能；对于湿度的控制灵活且高效[48]。

美国 Mumma 教授领导一个研究小组针对 DOAS 系统进行了大量、系统、深入的研究[49~54]，内容涵盖系统配置、自动控制、结露问题、节能潜力与技术、室内空气品质和热舒适性等多个方面，并通过专用网站（http：//doas.psu.edu）进行学术交流和资源共享。

以上研究主要就新风的处理方式、室内参数的控制、转轮吸附式除湿及能源回收进行了研究，并提出了解决方案。

从国外研究情况及成功案例来看，平面辐射空调技术在国外已经相当成熟，应用也较多，并且相应的制定了设计和施工标准。

1.2.2　国内研究现状

我国辐射供冷的研究始于 20 世纪 80 年代，当时有人采用辐射顶板进行供冷，但是由于理论及控制技术达不到要求，结露问题得不到有效解决，没能获得成功。直到 2005 年，清华大学节能示范楼引入毛细管格栅供冷方式之后，该种供冷形式得到了较快的发展。国内对辐射顶板空调系统的研究仍然停留在高校、科研院所和设计单位的理论研究层面上，例如探讨辐射供冷的特点、热舒适性、新风量的选取以及空调水系统形式、顶板表面结露等问题上，主要体现在以下几个方面。

1.2.2.1　热传递理论及热舒适性研究

吉林大学的葛凤华[55]根据人体热舒适方程，分析了综合温度变化与空气温度变化对人体舒适性影响的区别，指出在保证相同舒适度下，综合温度变化对舒适性的影响大于室内空气温度变化。

朱纪军等人[56]、周鹏[57]研究了平面辐射空调系统的基本原理，并就提高人体热舒适性和室内空气品质方面做了全面分析，提出该系统具有明显的节能效果。

闫全英等人[58,59]建立了平面辐射空调系统夏季的数学模型，并进行了数值求解，得出了散热的影响因素。

王智丽等人[60]研究了平面辐射空调的传热机理，建立了装配式金属顶板换热数学模型，认为该数学模型能更精确、快速的计算冷却顶板换热。

朱能等人[61]研究了平面辐射空调系统各热工参数对人体热舒适性的影响，基于热舒适指标，提出了最佳热工设计值。

马景骏等人[62]对平面辐射空调系统中辐射换热、对流换热所占比例进行了研究，并就平面辐射空调的舒适性进行了理论分析。指出在不降低室内舒适性的前提下，夏季平面辐射空调室内温度可以比传统空调系统高 $1 \sim 2 ℃$。

那艳玲等人[63]采用 CFD 技术，分别就置换通风空调系统和平面辐射空调系统进行了模拟，结果表明，平面辐射空调系统大大减小了垂直温度梯度，提高了舒适性。

王子介[64]用实验验证了地板辐射复合置换通风空调系统比起单独地板辐射具有较大的优势。

1.2.2.2 平面辐射空调的适应性研究

L. Z. Zhang 等人[65,66]对平面辐射空调系统在香港高露点温度环境下的应用进行了研究，指出夏季先开一小时的新风系统，就可以避免冷却顶板的结露。就我国东南地区的气候条件，采用转轮去湿辅助冷却顶板系统提出了增加全热交换器的改进措施。得出平面辐射空调系统可比全空气空调系统节能约 40%。

郝晓丽等人[67]以高温高湿环境为研究对象，提出了平面辐射辅以转轮除湿处理新风的空调系统，并结合某建筑物进行了数值分析，计算结果显示在相同或略高的舒适条件下，辅以转轮除湿的平面辐射空调系统可节约 8.2% 的一次能源。

张燕等人[68]以热湿环境为研究对象，提出一种利用太阳能液体除湿技术处理新风湿负荷的方案，比常规的冷却除湿方案节能 40% 以上。

李银明等人[69,70]对毛细管格栅空调系统所具有的初投资高、冷却能力有限且容易结露等问题进行了分析，提出采用顶棚散流器扩散送风能较好地适用于炎热干燥地区，并给出了防止结露的可行方法。

谭礼保等人[71]采用 CFD 技术，对采用转轮处理新风的能耗进行了数值模拟，经过与传统的冷凝除湿处理新风能耗的比较，得出在热湿地区，采用转轮除湿比冷凝除湿处理新风节能约 30%。

1.2.2.3 平面辐射空调推广应用研究

杨芳[8]针对冷却顶板容易结露的现象，在辐射板表面采用憎水膜处理技术，较好地解决了辐射板的结露问题。熊帅等人[72]对毛细管格栅与独立新风相结合的空调系统技术特点进行了介绍，并对其面临的三大问题进行了分析。

丁云飞等人[73]探讨了新风承担湿负荷实施方案，认为吸附除湿优于冷凝除湿。当夏季室外空气温度低于 $30 ℃$、相对湿度低于 80% 时，除办公建筑外，转轮吸附除湿可满足空调运行要求。

朱能等人[74]结合我国的材料、加工能力等具体情况，在冷却顶板热工性能理论分析的基础上，对冷却顶板进行了热工实验研究，提出我国加工生产冷却顶板的选材和结构优化原则。陈启等人[75]在分析辐射顶板空调系统优势的基础上，提出了用于冬季采暖的可行性及存在的问题。田喆等人[76]则根据德国冷却顶板的测试标准 FGK 建造了性能测试实验台，对不同冷却顶板进行了测试。还从设计、施工、运行管理等方面进行了讨论，分析了冷却顶板系统设计中的负荷计算、新风匹配、水系统及除湿方式[77]等。

苏夺等人[78]比较了地板辐射供冷系统与吊顶辐射供冷系统的不同，对辐射空调方式的发展方向和未来研究方向进行了展望。

王晋生[79]针对冷却顶板结合置换通风空调系统中的冷却顶板易结露，冷却顶板形成的下降气流破坏了置换通风流场、降低空气品质等问题，提出用具有高透过性的薄膜包裹冷却顶板，并在冷却顶板和薄膜之间保留一真空或空气夹层的方法，使得常规冷冻水作为冷却顶板供冷介质成为可能。

肖益民等人[80]分析了利用最小新风量去除室内湿负荷的可行性，同时提出单独用表冷器处理新风的不足和改进措施。

孙丽颖等人[81]通过对平面辐射空调系统运行能耗的计算机动态分析，就新风处理、制冷机供回水温差等影响系统能耗因素进行了分析，认为毛细管格栅与独立新风相结合的系统，在过渡季或干燥地区采用自然蒸发冷源供冷，具有极佳的节能效果。开发高温冷水机组对推动毛细管格栅空调的应用具有重要的战略意义。

狄洪发等人[82]对平面辐射空调系统的热工性能进行了实验研究，实验表明我国应用平面辐射空调系统完全可以满足冬夏季供热、供冷的要求。

从国内的研究情况看，辐射供冷/供热平面空调系统仅仅停留在高校的分析层面，设计单位、施工单位以及用户的报道和信息较少，即成功的工程经验还较少。这就非常需要将国外先进经验结合我国的实际情况（如气象参数、建筑结构特点、人们的生活习惯等）进行合理的分析，提出可行的设计程序，计算图表、数据乃至设计规范，来帮助设计人员尽快地将这种先进的空调技术进行推广、普及。

2 空气温湿度独立控制理论

表征室内空气质量的参数主要有温度、湿度、风速、CO_2 浓度以及各种室内挥发物（VOC）等。室内环境的控制就是具体对以上参数控制在人们安全、舒适的范围内，营造健康的室内环境。相对湿度超过 75%，金属材料的锈蚀呈直线上升的趋势，会给生产与物资储存造成大的损失。同时高湿度易使人患关节炎等疾病，正常的湿度、温度环境能提高工作效率。传统典型的控制方式为温湿度耦合的控制方式，夏季，采用 7℃ 的冷冻水，同时去除空气中的余湿和余热。通过这种冷凝的方式去除空气中的余湿，虽然空气的湿度（空气含湿量）满足了舒适性要求，但是空气温度过低，直接送进室内会造成明显的吹冷风的感觉，为了减小送风温差就需要再对低温的空气加热。图 1 – 1 所示为一次回风全空气系统典型的空气处理过程。

对于一次回风全空气系统的工作过程可以描述为：室外新风状态点 W，室内回风状态点 N，混合状态点 C，通过低温冷冻水（7℃）降温除湿后达到机械露点 L（相对湿度为 90% ~ 95%），再被加热到送风状态点 O，最后送入室内。很显然从 L 到 O，从能源的作用方面讲是无为，即浪费。

对于半集中式的风机盘管加新风空调系统，典型的空气处理过程如图 2 – 1 所示。国内传统的空气处理形式为新风机组和风机盘管采用统一的冷冻水（7℃），新风机组承担新风潜热和部分室内显热负荷，风机盘管承担室内潜热和部分室内显热负荷，风机盘管将室内的空气从室内状态 N 处理到机械露点 L'，新风机组将新风从室外状态 W 处理到机械露点 L，然后各自独立（或混合后）送入室内。

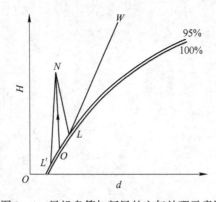

图 2 – 1　风机盘管加新风的空气处理示意图

2.1 余热的来源及消除

室内温度环境是舒适、健康环境最为重要的因素,室内温度环境主要受室外气候温度,邻室环境温度,室内设备、照明、人员等室内热源,室内空气流动状态等因素的影响。国家标准《民用建筑供暖通风与空气调节设计规范》(GB 50736—2012)对舒适性空调的室内参数做出了具体规定,见表2-1。

表2-1 空调室内设计参数

类　　别	热舒适度等级	温度/℃	相对湿度/%	风速/m·s⁻¹
供热工况	Ⅰ级	22 ~ 24	≥30	≤0.2
	Ⅱ级	18 ~ 22	—	≤0.2
供冷工况	Ⅰ级	24 ~ 26	40 ~ 60	≤0.25
	Ⅱ级	26 ~ 28	≤70	≤0.3

注:热舒适等级划分见表2-2。

表2-2 不同热舒适度等级对应的PMV、PPD值

热舒适度等级	PMV	PPD
Ⅰ级	$-0.5 \leqslant PMV \leqslant 0.5$	≤10%
Ⅱ级	$-1 \leqslant PMV < -0.5,\ 0.5 < PMV \leqslant 1$	≤27%

2.1.1 余热的来源

一般说来,影响建筑物室内热环境的因素有:(1)太阳辐射,又分为太阳直射、散射以及地面和其他建筑等表面的反射;(2)室外空气通过围护结构进行的传热;(3)人体、照明和设备的得热。

1981年,清华大学的彦启森教授所著的《建筑热过程》中就较为详细地介绍了各种热量是如何通过建筑围护结构形成室内余热,室内各个表面的热传导、对流和辐射过程形成室内余热。建筑的余热按其作用于建筑物的空间特性分为外部因素(主要包括室外高温的空气通过围护结构由传热、渗透形成余热)和内部因素(主要包括各种灯具、设备、人员散热形成余热)。很显然,形成建筑物余热的热源具有不同的"温势",如图2-2所示。

热源温度的高低,即"温势"的大小,直接影响空调系统消除余热的效率。热源温势越小所产生的余热,将其消除所需的冷源温度就越小。

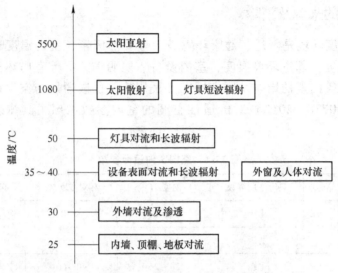

图 2 - 2　产生建筑物余热各因素"温势"的区别

2.1.2　余热的消除

从产生建筑物余热的"源头"进行分析，按照热源"温势"大小可以分为3类：

第一类：高于室外环境温度的热源。

第二类：受室外温度及太阳辐射影响，高于室内环境控制温度的各围护结构内表面。

第三类：室内人员皮肤或外装表面。

第一类所产生的余热可以采用室外环境温度水平的免费冷源就可以直接消除；第二类所产生的余热可以采用处于室内环境温度水平的高温冷源，维持室内各表面温度接近室内空气干球温度，即能消除这部分余热；第三类所产生的余热采用低于人体表面温度的冷源，就可以直接将人体产生的余热排除室外。

消除建筑物余热，就是通过一定的技术手段，将室内总余热量搬运到室外，以维持室内状态的恒定。如果将室内余热量搬运到室外的过程所消耗的有用功最小，所达到的消除余热的效果就最好，效率最高，也就达到了理想消除余热过程，而这个过程既有消耗的能量数量，又有消耗能量质量两方面的含义。

传统中央空调系统夏季运行时的实际温度变化情况如图 2 - 3 所示，室内、外的温度分别为 25℃和 35℃，如果采用传统热湿耦合的处理空气技术，制冷机工作在 2℃和 40℃之间，很显然要消耗更多的能质。

图 2 - 3 中，环节 I 为制冷机蒸发器提供的 5℃传热温差；环节 II 为空调系统采用水输送冷量保持的 5℃输送温差，在输送冷量不变的情况下，如果减小这一

温差，就必然增大输送水量，进而增加泵的输送能耗；环节Ⅲ为空气处理设备提供的4℃的水与空气之间的传热温差；环节Ⅳ是维持室内温度空气在送风和室内所保持的9℃温差。

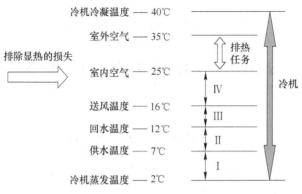

图2-3 传统系统排除显热的"温势"示意图

可以看出，保持室内环境温度的整个过程中，首先传热环节多，每个环节都需要保持一定的温差，几个过程累计下来温差就很大了；其次则是将排除余热的任务和排除余湿的进行耦合，即采用同一空气处理设备、同一冷源完成。为了消除余湿，空气处理器表面必须有低于空气露点的表面温度，也就是图2-3中7℃的供水温度，否则就无法实现冷凝除湿。如果仅考虑消除余热，在此不考虑除湿，则供水温度按照排热任务可取13~18℃，蒸发温度也可以提高到8℃，这样整个系统的能效都将得到很大提高，如图2-4所示。

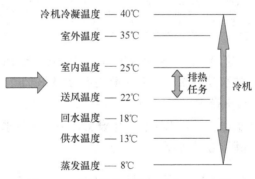

图2-4 单纯排除余热"温势"示意图

2.2 余湿的产生及消除

2.2.1 余湿的产生

室内的余湿主要产生自人体散湿、围护结构水分渗透、室内植物蒸发水分、敞开水表面散湿等。

2.2.1.1　人体散湿

人体散湿量与性别、年龄、衣着、劳动强度、环境条件（室内空气温度、湿度、风速）等多种因素有关。为方便计算，以成年男子为基础，乘以考虑了各类人员组成比例的系数（即群集系数），则人体散湿量的计算公式为：

$$W_1 = gn\beta\gamma \tag{2-1}$$

式中，W_1 为人体散湿量，g/h；g 为成年男子散湿量，g/h，见表2-3；n 为总人数；β 为群集系数，见表2-4；γ 为性别年龄系数，对于成年女子取0.84，儿童取0.75。

表2-3　不同温度条件下成年男子散湿量　　　　　　　　（g/h）

劳动强度	室内温度							
	16℃	18℃	20℃	22℃	24℃	26℃	28℃	30℃
静坐	26	33	38	45	56	68	82	97
极轻劳动	50	59	69	83	96	109	123	139
轻劳动	105	118	134	150	167	184	203	220
中等劳动	128	153	175	196	219	240	260	283
重劳动	321	339	356	373	391	408	425	443

表2-4　群集系数

场所	影剧院	百货商店	旅馆	体育场	图书室	银行	工厂轻劳动	工厂重劳动
群集系数	0.89	0.89	0.93	0.92	0.96	1	0.9	1

对于普通办公室，室内设计温度为26℃时，单个成年男子的散湿量为109g/h。当每人5m² 面积时，单位建筑面积的人体散湿量为21.8g/h。

2.2.1.2　敞开水面散湿

当建筑物内存在水池、景观水体、卫生设备存水等敞开水面时，这些水面会不断向空气中散湿。其散湿量的计算公式为：

$$W_2 = (\alpha + 0.00363v)10^{-5}(p_{q,b} - p_q)F\frac{B}{B'} \tag{2-2}$$

式中，W_2 为敞开水面散湿量，g/h；α 为当周围空气温度为15~30℃时，不同水温下的质扩散系数，kg/(N·s)，其值见表2-5；v 为水面上周围空气流速，m/s；$p_{q,b}$ 为相对于水表面温度下的饱和空气的水蒸气分压力，Pa；p_q 为空气中水蒸气分压力，Pa；F 为蒸发水面表面积，m²；B 为标准大气压力，其值为101325Pa；B' 为当地实际大气压力，Pa。

表 2 - 5 不同水温下的质扩散系数

水温/℃	<30	40	50	60	70	80	90	100
$\alpha/\mathrm{kg} \cdot (\mathrm{N} \cdot \mathrm{s})^{-1}$	0.0043	0.0058	0.0069	0.0077	0.0088	0.0096	0.0106	0.0125

对于普通办公室，敞开水表面一般远小于房间建筑面积的 1%，因而单位建筑面积的散湿量远小于 2.5g/h，远远小于单个成年男子散湿量的 2%，一般来说，由敞开水面所导致的散湿量，可以忽略不计。

2.2.1.3　围护结构渗入的余湿

对于众多的建筑物，其围护结构是多孔结构，水分能够在围护结构中吸附、扩散，并在围护结构内壁与室内空气进行水分传递。在大多数情况下，这种通过围护结构的水分传递因数量很小，均可以忽略不计。但是，在地下建筑物等特殊建筑中，由于建筑物围护结构壁面与岩石、土壤相接，大地岩石、土壤中的地下水就会通过围护结构壁面的多孔结构渗入室内，此时由于数量可观，就不能忽略。

围护结构壁面散湿量可以按照式（2 - 3）进行计算。

$$W_3 = F_b g_b \qquad (2-3)$$

式中，W_3 为围护结构散湿量，g/h；F_b 为衬砌内表面面积，m^2；g_b 为单位内表面积散湿量，$\mathrm{g/(m^2 \cdot h)}$，离壁衬砌散湿量为 $0.5\mathrm{g/(m^2 \cdot h)}$，贴壁衬砌散湿量取 $1 \sim 2\mathrm{g/(m^2 \cdot h)}$。

2.2.1.4　其他湿源散湿量

国内很多新建建筑开始利用绿化改善室内微环境，计算房间内湿负荷时植物散湿也需要考虑。表 2 - 6 给出了一些植物蒸发率的测量结果。

表 2 - 6 植物蒸发率

植物名称	海棠	紫荆	火棘	桂花	连翘	紫藤	榆叶梅
蒸发率/$\mathrm{g} \cdot (\mathrm{m}^2 \cdot \mathrm{h})^{-1}$	359	364	378	396	431	435	441

常见室内植物叶片面积为 $0.3 \sim 1\mathrm{m}^2$，由表 2 - 6 可知，这些植物单株产湿量相当于 1~3 名成年男子的散湿量。因此，室内绿化较多的区域，这部分散湿量必须考虑，其散湿量记为 W_4。

新风渗透产湿量：空调系统开启时，室内保持正压，不考虑渗入空气散湿量。

饭菜散湿量：对于普通类型的建筑，计算室内总湿负荷时，不考虑饭菜的散湿量；餐厅饭菜散湿量较大时，才考虑这部分湿负荷。

除此之外，人员流动性较大的房间，计算湿负荷时还要考虑人员流动性对湿负荷的影响。ASHRAE 62—2001《Ventilation for acceptable indoor air quality》规定：对于出现最多人数的时刻少于 3h 的房间，所需新风量可按平均在室内人数确定。

根据以上分析，普通办公室的湿负荷 D 主要有人员散湿 W_1、敞开水面散湿 W_2、围护结构散湿量 W_3 和植物散湿 W_4，其计算式为：

$$D = W_1 + W_2 + W_3 + W_4 \tag{2-4}$$

2.2.2　余湿的消除

室内空气品质的质量除了空气温度外，还有空气含湿量、CO_2 浓度以及挥发物（VOC）含量等，夏季消除室内空气中多余的水分，对于室内环境保持高品质具有重要作用。

在空调系统中，消除余湿的方法大致分为：降温冷凝除湿、膜除湿、升温通风除湿、吸湿剂除湿等，其中吸湿剂除湿可分为固体吸湿剂除湿和液体吸湿剂除湿。

2.2.2.1　降温冷凝除湿

利用低温介质冷却空气，使空气温度降低到空气露点温度以下，水分从空气中凝结析出，从而降低空气的含湿量，如图 2-5 所示。图 2-5(a) 展示了表冷器除湿，图 2-5(b) 展示了在焓湿图上空气降温除湿过程。室内空气的状态点为 N，对应的露点温度为 O，水的状态点为 L。室内空气经过冷凝除湿后，可以达到 NOL 所围成的三角形区域内。该除湿方法是传统的、成熟的、常用的一种空调系统除湿技术，被广泛地应用到空调系统的除湿工程中。其优点为性能稳定，工作可靠，能连续工作；缺点为设备和运行费用较高，有噪声。

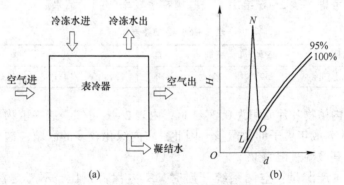

图 2-5　降温冷凝除湿工作原理示意图

(a) 表冷器除湿示意图；(b) 除湿在焓湿图上示意

2.2.2.2　膜除湿

膜除湿是采用水蒸气从分压力大处向分压力小处转移，从而达到除湿的目的。膜除湿根据形成水蒸气分压力势差的动力不同分为压缩法、真空法、加热再生法等。但是由于膜除湿技术存在膜强度弱、耗功量大、成本高、操作困难等问题没有很好解决，膜除湿方式仍然处于实验室研究阶段，离实际应用还存在一定距离。

2.2.2.3 升温除湿

相对湿度是指在某一温度下，空气中水蒸气的饱和程度。它表征空气中水分的饱和度。由空气中的水蒸气分压力和空气饱和状态下水蒸气分压力的比值确定，用 ϕ 表示空气相对湿度，其计算式为：

$$\phi = \frac{p_n}{p_{bh}} \times 100\% \tag{2-5}$$

式中，ϕ 为空气相对湿度，%；p_n 为空气的水蒸气分压力，Pa；p_{bh} 为饱和空气的水蒸气分压力，Pa，该值随温度的升高而增大，是温度的单值函数。

当空气的水蒸气分压力值 p_n 不变，温度升高，p_{bh} 值增大，ϕ 值则降低。一般情况下，在温度和水蒸气分压力一定范围内，温度升高 1℃，相对湿度将降低 4% ~5%。

2.2.2.4 通风除湿

合理的通风换气，能够改善室内环境条件。用自然状态或经过除湿的空气替换室内的空气，可以消除室内的余湿。在我国大部分地区，能够采用室外自然环境的空气去除室内余湿的时间在半年以上，如果利用合理可以取得良好的效果和经济效益。

2.2.2.5 吸湿剂除湿

利用一些物质吸收或吸附水分的能力，可以去除空气中的部分水分。吸湿剂可分为固态和液态。固态吸湿剂又分为吸收式和吸附式两类。吸收剂有氯化钙、硫酸铜、氢氧化钠、五氧化二磷等，吸附剂有硅胶、活性炭、分子筛等。

A 固态吸湿除湿

工程上常见固态吸湿剂的特性见表 2-7。

表 2-7 常见固态除湿剂及其特性

分类	名称	分子式	主 要 特 性
吸收式	氯化钙	$CaCl_2$	无水氯化钙是白色多孔结晶体，有苦咸味，吸水能力较强，但吸水后发生潮解，变成氯化钙溶液；熔点 772℃，相对密度为 2.15；吸收水分时释放的溶解热为 680kJ/kg；常用工业氯化钙纯度为 70%，吸湿量可达自身质量的 1 倍
	五氧化二磷	P_2O_5	又称磷酸酐，白色软质粉末；升华温度 347℃，相对密度 2.39，加压下 563℃溶解
	氢氧化钠	$NaOH$	又称苛性钠，火碱；无色透明的结晶体，熔点为 318.4℃，相对密度为 2.13
	硫酸铜	$CuSO_4$	$CuSO_4 \cdot 5H_2O$ 俗称蓝矾，蓝色斜三晶系结晶体，加热至 250℃失去全部结晶水分，成为绿白色粉末，相对密度由 2.286 升至 3.606

分类	名称	分子式	主 要 特 性
吸附式	硅胶	SiO₂	为无毒、无臭、无腐蚀性的半透明结晶体，不溶于水；平均密度为650kg/m³，孔隙率高达70%；吸水率约为自身质量的30%，吸附热约为3276kJ/kg；失效的硅胶可以在150~180℃的热空气中再生，再生需要的热量约为13~17MJ/kg
	活性炭		为多孔结构，对气体、水蒸气和胶态固体有较强吸附能力；含碳量高达98%，真密度为1.9~2.1，表观密度0.08~0.45
	分子筛		具有均一微孔结构，能将不同大小的分子分离

固态吸湿除湿，按照承载吸湿剂装置是否发生移动分为静态除湿和动态除湿两类。静态除湿是采用室内空气通过自然对流方式流过除湿材料层，与固态除湿剂表面进行热质交换，将水分以及吸湿放热去除。其具有设备简单、投资少；除湿缓慢、占空间大等特点。常用于除湿量不大的场所。动态除湿利用风机强制室内空气流过固态除湿剂表面，进行热质交换，从而实现水分及吸湿放热去除。其特点为除湿快速、占空间小、能连续工作；设备复杂、投资较高。常用于除湿量较大的场合。目前在工程中，常用的氯化锂干式转轮除湿机就是动态固体除湿装置。其原理图如图2-6所示。氯化锂在吸收空气中的水分后成为结晶水，而不变成水溶液。适用除湿温度为-30~40℃。处理风量和再生风量的比一般为3:1，再生空气温度一般为120℃。

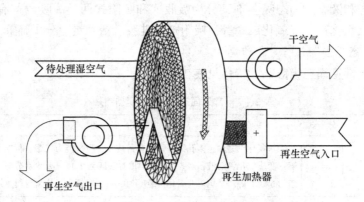

图2-6 转轮除湿原理图

B 液态吸湿除湿（溶液除湿）

湿空气的除湿过程依赖于除湿溶液较低的表面蒸气压来实现，在空气调节工程中，常用的溶液除湿剂有溴化锂溶液、氯化锂溶液、氯化钙溶液、乙二醇、三甘醇等，其性能见表2-8。

表 2 - 8　常用液体吸湿剂物理性能

常用液体吸湿剂	溴化锂溶液	氯化锂溶液	氯化钙溶液	乙二醇	三甘醇
露点/℃	-10 ~ 4	-10 ~ 4	-3 ~ -1	-15 ~ -10	-15 ~ -10
浓度/%	45 ~ 65	30 ~ 40	40 ~ 50	70 ~ 90	80 ~ 96
毒性	无	无	无	无	无
腐蚀性	中	中	中	小	小
稳定性	稳定	稳定	稳定	稳定	稳定
主要用途	空调除湿	空调杀菌、低温干燥	气体吸湿	气体吸湿	气体吸湿

　　乙二醇、三甘醇为有机溶剂，黏度较大，易挥发，容易进入空调房间，对人体造成危害。对于金属卤盐溶液具有一定的腐蚀性，空气处理装置及输送管道应采用能够抗盐腐蚀的材料。溴化锂溶液的除湿再生循环过程如图 2 - 7 所示。图中 1—2 过程为溶液的吸湿过程；2—3—4 为溶液的再生过程，其中 2—3 为加热溶液使其表面蒸气压高于周围空气的水蒸气分压力，3—4 为水分蒸发汽化过程；4—1 为溶液的冷却过程。溴化锂溶液除湿系统是由除湿器、再生器、储液罐、输配系统组成，如图 2 - 8 所示。

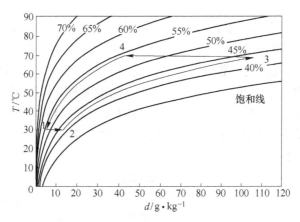

图 2 - 7　溴化锂溶液除湿再生循环示意图

2.3　温湿度独立控制系统

　　室内环境控制的任务从某个层面讲就是排除室内余热、余湿、CO_2、室内异味与其他有害气体（VOC），使其在国家相关标准范围之内。从以上的分析可以看出，余热的排除有很多方式，只要热媒的温度低于室内空气温度，就可以实现降温的效果。从传热的理论可以知道，室内空调末端既可以采用直接换热的方式，如采用风机盘管；也可以采用间接接触的方式，如采用辐射板来实现。排

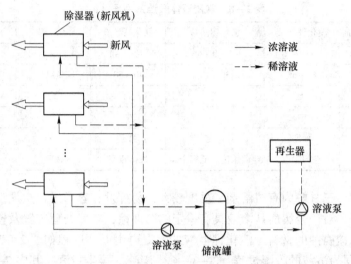

图 2-8   溴化锂溶液除湿空调组成示意图

除余湿则只能采用直接质交换的形式，即通过低湿度的空气与房间空气进行交换来实现。CO_2、室内异味与其他有害气体（VOC）的排除与余湿的排除相类似。

排除余热完全可以采用较高温度的冷源来完成，这样就可以大大提高能源利用效率，并能实现能源的梯级利用。即在建筑空气调节系统中，采用温度和湿度两套独立的空调系统，分别控制、调节室内的温度（显热）与湿度（潜热），其原理如图 2-9 所示。避免了常规空调系统中温湿度耦合处理所带来的损失。由于温度、湿度采用独立的控制调节系统，可以满足房间热湿比不断变化的要求，克服了常规空调系统中难以同时满足温湿度参数的要求，避免了室内湿度过高（或过低）的现象。

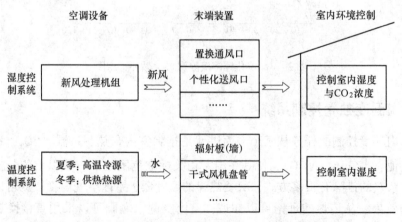

图 2-9   温湿度独立控制空调系统的组成原理图

　　处理余热的系统包括：高温冷源、余热消除末端装置，采用水作为输送媒介。由于除湿的任务由除湿系统承担，因而显热系统的冷水供水温度不再是常规冷凝除湿空调系统中的7℃，而可以提高到16～20℃，从而为天然冷源的使用提供了可能，即使采用机械制冷方式，制冷机的能效比也将大幅度提高。余热消除末端装置可以采用辐射板、干式风机盘管等多种形式。当室内设定温度为25℃时，采用屋顶或垂直表面辐射方式，即使平均冷水温度为20℃，每平方米辐射表面仍可排除显热40W/m²，这仍可基本满足多数类型建筑排除围护结构和室内设备余热的要求。

　　温湿度独立控制系统可以采用干式风机盘管通入高温冷水排除显热。由于不存在凝水问题，这种末端方式在冬季可完全不改变新风送风运行模式，仍由其承担室内加湿负荷和 CO_2 的控制。辐射板或干式风机盘管则通入热水，变供冷为供热，继续维持室温。与变风量系统相比，这种系统实现了室内温度和湿度的独立控制，尤其实现了新风量随人员数量同步增减。从而避免了变风量系统冬季人员增加，热负荷降低，新风量也随之降低的问题。与目前的风机盘管加新风方式比较，免去了凝水盘和凝水排除系统，彻底消除了实际工程中经常出现凝水盘溢水等问题。同时由于不再存在潮湿表面，根除了滋生霉菌的温床，可有效改善室内空气品质。由于室内相对湿度可一直维持在60%以下，室温略高（26℃）也可以达到热舒适要求。这就避免了由于相对湿度太高，只得把室温降低（甚至到20℃），才能维持舒适要求的问题。

　　处理余湿的系统，同时承担去除室内 CO_2、异味，以保证室内空气质量的任务，此系统由新风处理机组、送风末端装置组成，采用新风作为能量输送的媒介，并通过改变送风量来实现对湿度和 CO_2 的调节。在处理余湿的系统中，其核心目标为空气中的含湿量，因而湿度的处理可以采用更节能高效的方法。由于仅是为了满足新风和湿度的要求，温湿度独立控制系统的风量，远小于变风量系统的风量。

　　温湿度独立控制的空调方式将室外新风除湿后送入室内，可用于消除室内余湿，并满足新风要求；而用独立的水系统使16～20℃的冷水循环，通过辐射或对流型末端来消除室内显热。这可避免采用冷凝式除湿时为了调节相对湿度进行再热而导致的冷热抵消，还可用高温冷源吸收显热，使冷源效率大幅度提高。同时这种方式还可有效改善室内空气质量，因此被普遍认为是未来的主流空调方式。这种新的空调方式的实现需要对现有空调末端方式革新。采用高温冷水（18～20℃）吸收显热，应使用不同于目前方式的末端装置。目前国内外已研发出多种辐射型末端和干式风机盘管，以及自然对流或强制对流型冷却器等。

3 毛细管平面辐射空调节能及舒适性

毛细管平面辐射空调系统是一种全新的空调系统，它能够满足更高层面的创造良好的舒适环境、提高室内空气品质和节约能源，是一种值得推广的舒适、节能的空调系统。毛细管平面辐射空调系统通过不同的系统分别独立控制室内的温度和湿度，可采用的末端装置为以去除潜热负荷为目的独立送风系统和以去除显热负荷为目的的毛细管辐射平面换热器，使得冬、夏季可共用一套设备进行采暖和制冷，克服了传统地板辐射供暖夏季不能输送冷水实现空调作用的尴尬局面。

本章将对毛细管平面辐射空调系统节能性进行分析，分析毛细管平面辐射空调系统与其他空调、供热系统的对比，为毛细管平面辐射空调系统的运行与调节提供理论依据，进一步实现空调系统节约能源和改善室内环境的目的。

3.1 烟分析理论

在空调系统中，对空气的降温处理要求冷源的温度低于房间空气的干球温度，对空气的除湿处理则要求冷源的温度低于房间空气的露点温度。传统空调系统使用同一冷源对空气进行降温和除湿处理，因而造成能源品位的浪费。传统空调系统采用冷凝方式对空气进行除湿，与此同时对空气进行冷却，其吸收的显热与潜热比只能在一定的范围内变化。当建筑物实际需要的显热潜热比在较大的范围内变化时，往往不能满足实际需要。这样，要解决空气处理的显热与潜热比与室内热湿负荷相匹配的问题，就必须寻找新的除湿方法，实现不依赖于温度的"独立除湿（humidity independent control）"。毛细管顶板系统则较好地做到了这一点。由独立新风除湿系统来承担湿负荷及潜热热负荷，室内的辐射末端负责去除显热。供水温度从理论上在夏季只要低于室内温度就能消除室内余热，室内供水温度的提高会使空调系统的效率大为提高。另外，毛细管空调末端系统还可以和任何形式的冷热源结合使用，尤其是与土壤源热泵、闭式地表水水源热泵以及空气源热泵等配套使用。图 3 - 1 所示为与地源热泵、溶液除湿系统相结合的毛细管平面辐射空调系统。夏季可以采用地下水直供，不需要开启机组制冷，节能效果更明显。毛细管网栅在热交换过程中几乎没有能量损失。水温与室温相近，从而在最大程度上降低了能源消耗。

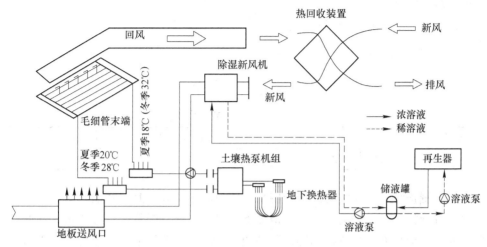

图 3-1 与地源热泵、溶液除湿相结合的毛细管顶板复合空调系统

㶲是一种能量,具有能量的量纲和属性,但它与传统习惯上的能量的含义并不完全相同,一般地说,能量的"量"与"质"是不统一的,而㶲却代表能量中"量"与"质"统一的部分,㶲表征能量转换为功的能力和技术上的有用程度。"㶲"是能量可用性、可用能、有效能的总称,它把能量的"量"与"质"结合起来评价能量的价值,更深刻地揭示能量在传递和转换过程中能质的本质,为合理用能、节约用能指明了方向。

由热力学原理可知,稳定流动系统工质的"㶲"为稳定物流从任意一给定状态流经开口系统以可逆方式转变到环境状态,并且只与环境交换热量时所能做的最大有用功,当忽略稳定流动工质的宏观动能与位能时,在给定状态下稳定物流的焓"㶲"为:

$$ex = W_{max} = (h - h_0) - T_0(s - s_0) = c_p(T - T_0) - T_0 c_p \ln \frac{T}{T_0} \quad (3-1)$$

式中,ex 为工质㶲(焓㶲),kJ/kg;W_{max} 为工质的最大有用功,kJ/kg;h 为工质的进口焓值,kJ/kg;h_0 为工质在环境状态下的焓值,kJ/kg;s 为工质的进口熵值,kJ/(kg·K);s_0 为工质在环境状态下的熵值,kJ/(kg·K);T_0 为环境温度,K;T 为工质进口温度,K;c_p 为定压比热容,kJ/(kg·K)。

3.2 夏季㶲分析

夏季毛细管平面辐射空调系统与风机盘管系统均为稳定流动的开口系统。风机盘管空调系统在夏季一般采用供水温度为 7℃,回水温度为 12℃,供回水温差为 5℃。而毛细管平面辐射空调系统供水温度为 18℃,回水温度为 20℃,供回水温差为 2℃。传统风机盘管系统和毛细管顶板空调系统的㶲效率计算如下(假设室内环境温度为25℃）。

供水温度18℃的工质焓㶲为：

$$ex_{18} = 4.19 \times (18 - 25) + (273 + 25) \times 4.19 \times \ln\frac{25 + 273}{18 + 273} = 0.35\text{kJ/kg}$$

其他温度下的工质焓㶲计算同上，具体结果见表3-1。

表3-1　不同温度下热水的㶲值

温度/℃	7	12	18	20	28	32	50	60	75
㶲值 ex/kJ·kg^{-1}	6.37	1.22	0.35	0.18	0.45	1	6.03	10.49	19.25

室内围护结构表面温度的降低使平均辐射温度和作用温度降低，从而可以提高室内设计温度，在相同的舒适度情况下，要比传统空调系统节省能量，在此取两种系统的单位面积冷负荷相等，则系统的工质质量流量可按式 $Q = c_p m \Delta t$ 求得。

两种工质水的质量流量之比为：

$$\frac{m_{fc}}{m_{ct}} = \frac{\Delta t_{ct}}{\Delta t_{fc}} = \frac{2}{5}$$

对7/12℃的风机盘管空调系统，其单位空调面积单位时间消耗的焓㶲为：

$$\Delta E_{fc} = m_{fc}(ex_7 - ex_{12}) = m_{fc}(6.37 - 1.22) = 5.15m_{fc}$$

对18/20℃的毛细管顶板空调系统，其单位空调面积单位时间消耗的焓㶲为：

$$\Delta E_{ct} = m_{ct}(ex_{18} - ex_{20}) = m_{ct}(0.35 - 0.18) = 0.17m_{ct}$$

故两系统相比在达到相同的制冷效果的基础上，毛细管顶板空调系统的节效能率为：

$$\eta_{fc} = \frac{\Delta E_{fc} - \Delta E_{ct}}{\Delta E_{fc}} \times 100\% = \frac{5.15m_{fc} - 0.17 \times 2.5m_{fc}}{5.15m_{fc}} \times 100\% = 91.7\%$$

式中，Q 为空调冷负荷，W；m 为系统工质质量流量，kg/s；Δt 为供回水温差，℃；ex_7、ex_{12}、ex_{18}、ex_{20} 分别为水温7℃、12℃、18℃、20℃时焓㶲，kJ/kg；m_{ct}、m_{fc} 分别为毛细管平面辐射空调系统、风机盘管空调系统的质量流量，kg/s；Δt_{ct}、Δt_{fc} 分别为毛细管平面辐射空调系统、风机盘管空调系统供回水温差，℃；ΔE_{ct}、ΔE_{fc} 分别为毛细管平面辐射空调系统、风机盘管空调系统的单位面积单位时间消耗的焓㶲，kJ/s；η_{fc} 为毛细管平面辐射空调系统与风机盘管空调系统进行比较的节效能率，%。

3.3　冬季㶲分析

冬季毛细管平面辐射空调系统与常规散热器供暖系统、地板辐射供暖系统均为稳定流动的开口系统。以供水温度为75℃、回水温度为50℃的散热器采暖系统、供水温度为60℃、回水温度为50℃的地板辐射供暖系统和供水温度为32℃、回水温度为 28℃ 的毛细管平面辐射空调系统作为比较对象。散热器采暖系统、地板辐射采暖系统和毛细管平面辐射空调系统在冬季运行的㶲值（假设室内环境温度为 20℃）见表 3 – 1。

室内围护结构表面温度的升高可以降低冬季室内采暖设计温度，在相同的舒适度情况下，要比传统依靠对流换热的采暖系统节省能量，在此取以上三种采暖系统的单位面积热负荷相同，则系统的工质质量流量可按式 $Q = c_p m \Delta t$ 求得。

毛细管平面辐射空调与散热器两种工质水的质量流量之比为：

$$\frac{m_r}{m_{ct}} = \frac{\Delta t_{ct}}{\Delta t_r} = \frac{4}{25}$$

地板辐射采暖系统与毛细管平面辐射空调系统两种工质水的质量流量之比为：

$$\frac{m_{rfh}}{m_{ct}} = \frac{\Delta t_{ct}}{\Delta t_{rfh}} = \frac{4}{10}$$

对 75/50℃ 的散热器采暖系统，其单位面积单位时间消耗的焓㶲为：

$$\Delta E_r = m_r(ex_{75} - ex_{50}) = m_r(19.25 - 6.03) = 13.22 m_r$$

对 60/50℃ 的地板辐射采暖系统，其单位面积单位时间消耗的焓㶲为：

$$\Delta E_{rfh} = m_{rfh}(ex_{60} - ex_{50}) = m_{rfh}(10.49 - 6.03) = 4.46 m_{rfh}$$

对 32/28℃ 的毛细管采暖系统，其单位面积单位时间消耗的焓㶲为：

$$\Delta E_{ct} = m_{ct}(ex_{32} - ex_{28}) = m_{ct}(1.00 - 0.45) = 0.55 m_{ct}$$

故两系统相比在达到相同的供热效果的基础上，毛细管顶板空调系统的节效能率为：

$$\eta_r = \frac{\Delta E_r - \Delta E_{ct}}{\Delta E_r} \times 100\% = \frac{13.22 m_r - 0.55 \times 6.25 m_r}{13.22 m_r} \times 100\% = 74\%$$

$$\eta_{rfh} = \frac{\Delta E_{rfh} - \Delta E_{ct}}{\Delta E_{rfh}} \times 100\% = \frac{4.46 m_{rfh} - 0.55 \times 2.5 m_{rfh}}{4.46 m_{rfh}} \times 100\% = 69.2\%$$

式中，ex_{75}、ex_{60}、ex_{50}、ex_{32}、ex_{28} 分别为水温 75℃、60℃、50℃、32℃、28℃ 时的焓㶲，kJ/kg；m_r、m_{ct}、m_{rfh} 分别为散热器系统、毛细管平面辐射空调系统、地板辐射采暖系统的质量流量，kg/s；Δt_{ct}、Δt_{rfh}、Δt_r 分别为毛细管平面辐射空调系统、地板辐射采暖系统、散热器系统的供回水温差，℃；ΔE_{ct}、ΔE_r、ΔE_{rfh} 分别为毛细管平面辐射空调系统、散热器系统、地板辐射采暖系统的单位面积单位时间消耗的焓㶲，kJ/s；η_r、η_{rfh} 分别为毛细管平面辐射空调系统与散热器系统、地板辐射采暖系进行比较的节效能率，%。

从以上计算结果不难看出，毛细管顶板空调系统在综合考虑热源"质"和"量"的基础上，与散热器系统相比可节效能 74%，与地板辐射采暖系统相比可节效能 69.2%。毛细管平面辐射空调系统的节能不仅体现在能量数量的节省，更表现为对高品位能量的节省。是一种很有发展潜力的末端形式。因此对毛细管顶板空调系统而言，只要充分利用地下水、地源热泵、江河湖水、工业废热等具有低品位能量的冷热源，便能更充分地体现其节能的优越性。

3.4　毛细管平面辐射空调舒适性分析

随着人们对于居住与工作环境的要求越来越高，要求的室内热环境从可居性标准提升到舒适性标准。室内环境品质如温度环境、湿度环境及空气品质等对人的身心健康、舒适感、工作效率都会产生直接的影响。大量的国内外研究表明，室内空气品质也与热环境有关：空气温湿度以及风速会影响室内污染物的释放；对污染物的感觉与温度有关，在室内空气的化学成分保持不变的情况下，温度降低，会使人感到舒服一点，对空气品质的不满意率也相应会降低。

为了获得舒适的室内环境，每年各国都要消耗大量的能源用于供热、制冷。因缺乏对热舒适的正确理解及对建筑热指标的正确使用，往往造成对建筑过分加热或过分冷却。这样，不仅给人体造成不舒适的感觉，同时，浪费大量的能源。另一方面，受能源危机的影响，建筑设计师从节能的角度出发，提倡采用提高建筑围护结构的热绝缘性、房间的气密性、减少通风次数等方法来维护室内所需的基本条件。后来大量研究及调查发现，这样的建筑由于偏重"节能"因素，致使房间气密性高，加之建材、装潢油漆散发的氡气、甲醛等有害气体；以及通风空调系统设计不当或管理不良，造成室内产生的不良气体（如 CO_2），人体气味以及办公设备（如复印机、激光打印机）等产生的有害气体难以排出室外，这些有害气体都能使人们感到不舒适并可能造成"病态建筑综合症"。

因此，从建筑的功能、节能、健康、功效等目的出发，研究建筑空调室内的热舒适性对于改善室内空气品质、改善人们的生活质量、提高人们的工作效率具有重要的意义。

3.4.1　室内热舒适控制的理论基础

3.4.1.1　热感觉与热舒适性

人体对冷热的感知是通过人体温度感受器进行的，这些温度感受器主要分布在人体的皮肤层中，当外界温度变化时，形成冷、热刺激，感受器接收到这种刺激后，发出脉冲信号，这些信号最终传递到大脑。除了皮肤以外，体内某些黏膜、腹腔及内脏等处也有温度感受器。在人体的脊髓、延髓和脑干部位存在着能感受温度变化的神经元，它们能够感知人体的核心温度，并参与对皮肤温度感受器输送的温度信息的整合处理。

热感觉是人对周围环境是"冷"还是"热"的主观描述。尽管人们常评价环境的"冷"和"暖"，但实际上人是不能直接感觉到环境温度的，只能感觉到位于皮肤表面下的神经末梢的温度。一个处于安静状态的裸身人体在29℃的气温中，代谢率最低，此时人体不发汗，不觉得热也不感到冷，称为"中性"状态。对于适当着衣的人，气温 18～25℃ 时，处于中性状态。气温过低或是过高时，产生冷或热的感觉，可以对这种感觉的程度加以描述，例如将冷感觉细分为"稍凉"、"凉"、"冷"，将过热的感觉细分为"稍暖"、"暖"、"热"等。

热感觉并不仅仅是由冷热刺激的存在造成的，而与刺激的延续时间以及人体原有的热状态有关。人体的冷、热感受器均对环境有显著的适应性。例如把一只手放在温水盆里，另一只手放在凉水盆里，经过一段时间后，再把两只手同时放在具有中间温度的第三个水盆里，那么第一只手会感觉到凉，而另一只手会感到暖和，尽管它们是处于同一温度环境。

人体通过自身的热平衡条件和对环境的热感觉综合得到是否舒适的结论，因此热舒适性是与人体生理和心理相关的主观感觉。热舒适在 ASHRAE Standard55—1992 中定义为，人体对环境表示满意的意识状态。Bedford 的七点标度把热感觉和热舒适合二为一，Gagge 和 Fanger 等人均认为"热舒适"指的是人体处于不冷不热的"中性"状态，即认为"中性"的热感觉就是热舒适。

Fanger 等人通过研究发现，不同地域的人对于热舒适条件的要求是相同的，所不同的是对于不同环境的忍耐程度。不同年龄、不同性别的人对于热舒适条件的认同程度大致上也是相近的，只不过因为老人的活动量相对小，代谢率较低，而女性更喜欢穿轻、薄一些的衣物，所以喜欢室温更高一些。

3.4.1.2 室内热环境热舒适性的影响因素

A 空气温度

空气温度是影响热舒适的主要因素，它直接影响人体通过对流及辐射的显热交换。人体对温度的感觉是相当灵敏的，通过肌体的冷热感受器可以敏锐的对冷热环境作出判断。反复实验表明，人判断冷热感觉的重现能力，并不比肌体生理反应的重现能力低。在某些情况下，这种主观温热感觉往往较某些客观的生理量度具有意义。故人们根据个人温热感，结合生理显汗反应将冷热环境反应分为 7 级：热、较热、暖、舒适、凉、较凉、冷。

B 辐射温度

平均辐射温度取决于周围表面温度。在实际的生产生活环境中，空气温度和平均辐射温度并不总是均匀的、相等的，人们常常会遇到肌体某一部分受冷和受热，比如室内上下温度明显不对称，人体一侧有辐射热源等。所以研究平均辐射温度相对于空气温度的偏差以及不对称受热或散热对人体生理或感觉反应的影响，确定其允许限值是很重要的。前苏联学者研究表明，为保持工作者热舒适状态，周围空气温度于围墙温度的差值不得超过 7℃。Fanger 通过对加热天花板舒适限值的研究，发现即使在热舒适条件下，无不对称热辐射时，也有 3.5% 的人感到不适。如果按不适人数以不超过 5% 为标准，则对称热辐射限值应小于 4℃。

C 垂直温差

由于空气的自然对流作用，很多空间均存在上部温度高，下部温度低的状况。一些研究者对垂直温度变化对人体的热舒适的影响进行了研究。虽然受试者处于热中性状态，但如果头部周围的温度比踝部周围的温度高得越多，感觉不舒适得人就越多。

D　气流速度

在热环境中，空气流动能为人体提供新鲜的空气，并在一定程度上加快人体的对流散热和蒸发散热，从而提供冷却效果，使人体热舒适感觉增强。同时，空气的流动速度过大也可能导致人体有吹风感，因此空气流动速度是影响人体热舒适感的重要因素之一。

E　湿度

湿度直接或间接影响人体的热舒适感，它在人体能量平衡、皮肤潮湿度、室内材料的触觉、人体健康以及室内空气品质等可接受方面均为重要的影响因素。湿度对于人体热舒适的影响主要表现在影响人体皮肤到环境的蒸发热方面。当环境温度偏高时，人体蒸发散热加大，而空气的湿度影响着体表汗液的蒸发量。当湿度过大时，体表出的汗液不能及时、充分地蒸发掉，积于皮肤表面，使人体不舒适感觉加大。

F　其他影响因素

还有一些因素也普遍被人们认为会影响人的热舒适感，如年龄、性别、季节、人种、身体状况等。很多研究者对这些因素进行了研究，但结论与人们的一般看法是不一致的。Nevins 等人（1966 年）、Rohles 和 Johnson（1972 年）、Langkilde（1979 年）以及 Fanger（1982 年）分别对不同年龄组的人进行了实验研究，发现年龄对热舒适没有显著影响，老年人代谢率低的影响被蒸发散热率抵消。老年人往往比年轻人更喜欢较高室温，这一现象的一种解释是因为他们的活动量小。

长期在炎热地区和寒冷地区生活的人对其所在的炎热或寒冷环境有比较强的适应力，即表现在他们能够在炎热或寒冷环境中保持比较高的工作效率和正常的皮肤温度。为了解他们对热舒适的要求是否因此有所变化，很多研究者曾对来自美国、欧洲、亚洲、非洲国家的受试者进行实验，发现他们原有的热适应力对其热舒适感没有显著影响，即长期在热带地区生活的人并不比在寒冷地区生活的人更喜欢较暖的环境，因此 Fanger 得出结论认为对热舒适条件的要求在全世界都是相同的，不同的只是他们对不舒适环境的忍耐能力。

Fanger、Yaglou 等研究者从对不同性别的对比实验中发现在同样条件下男女之间对环境温度的好恶没有显著差别。实际生活中，女性比男性更喜欢高一点的室温的主要原因之一可能是女性喜欢穿比较轻薄的衣物。

由于人不可能因适应而喜欢更暖或更凉的环境，因此季节就不应该对人的热舒适感有所影响。McNall 等人（1968 年）的研究证明了这一点。因为人体一天中有内部体温的节律波动：下午最高，早晨最低，所以从逻辑上很容易做出这样的判断，即人的热舒适感在一天中是有可能会有变化的。但 Fanger（1974 年）和 Ostberg 等（1973 年）的研究发现，人体一天中对环境温度的喜好没有什么明显变化，只是在午餐前有喜欢稍暖一些的倾向。

3.4.2　热舒适性的评价方法

人们对热舒适性的认识和研究是不断发展的。早期的评价标准主要规定室内温度、湿度、风速等，在此基础上，ASHRAE 提出有效温度（ET）概念，以综合考虑温度和相对湿度的影响。由于房间维护结构内表面与人体的辐射热交换对热舒适性影响很大，在评价房间的热舒适性时，为了综合考虑辐射影响，又相继提出了平均辐射温度（MRT）、作用温度（OT）、标准有效温度（SET）等概念和指标等。这些指标的提出对热舒适性的研究起了很大的促进作用。但这些热环境指标大多是某种特定条件下的对比实验结果，而且忽略了衣着、活动温度等人体主观变量的影响，实际上已很少再使用。

20 世纪 60 年代丹麦技术大学 Fanger 教授在总结人体环境的生理物理实验基础上，提出了热舒适方程，并提出了热舒适指标预计平均舒适度 PMV（predicted mean vote）和预计不满意率 PPD（predicted percentage of dissatisfaction）的概念。前者是七度热感觉尺度的客观评价，后者是对环境不满意的人员百分数。两个热舒适指标都是大量人员受试后的统计结果。现行的热舒适标准，如国际标准 ISO 7730 以及美国供暖制冷空调工程协会标准 ASHRAE 55—92，都以 Fanger 教授建立的热舒适模型为基础。尽管不同国家和不同地区人群存在差异，但这两个指标还是能比较准确地对室内热环境的舒适性进行检测和评价。现今，业内仍然采用 PMV 和 PPD 作为室内热环境最权威的评价标准，许多建筑法规将其作为室内热环境的主观评价指标。

3.4.2.1　热舒适方程

人体为了维持正常的体温，必须使产热和散热保持平衡。人体的热平衡可用式（3-2）表示[37]：

$$M - W - C - R - E - S = 0 \qquad (3-2)$$

式中，M 为人体能量代谢率，决定人体的活动量大小，W/m^2；W 为人体所做的机械功，W/m^2；C 为人体外表面向周围环境通过对流形式散发的热量，W/m^2；R 为人体外表面向周围环境通过辐射形式散发的热量，W/m^2；E 为汗液蒸发和呼出的水蒸气所带走的热量，W/m^2；S 为人体蓄热率。

在式（3-2）中，当人体蓄热率 $S = 0$ 时，有：

$$M - W - C - R - E = 0 \qquad (3-3)$$

（1）人体外表面向周围空气的对流散热量 C。人体通过对流方式与周围环境的换热是人体散热的重要形式，占人体散换热量的 35% 左右。人体与环境对流换热是通过空气流过人体表面来传递热量的。它可以用牛顿换热公式来进行计算：

$$C = f_{cl}h_c(t_{cl} - t_a) \tag{3-4}$$

式中，f_{cl} 为服装面积系数；h_c 为对流换热系数，$W/(m^2 \cdot K)$；t_{cl} 为衣服外表面温度，℃；t_a 为人体周围空气温度，℃。

（2）人体外表面向环境的辐射散热量 R。辐射换热是热交换的基本形式之一，人体的表面具有一定的温度，必然和周围的表面进行辐射热交换，人体表面与周围环境的辐射换热量计算公式为：

$$R = \varepsilon f_{cl}f_{eff}\sigma(T_{cl}^4 - \overline{T_r}^4) \tag{3-5}$$

式中，ε 为人体表面的发射率，对于灰体其值等于吸收率，取为 0.97；σ 为斯忒藩 – 玻耳兹曼常数，其值为 $5.76 \times 10^{-8} W/(m^2 \cdot K^4)$；$f_{eff}$ 为人体姿态影响有效表面积的修正系数，取为 0.72；T_{cl} 为人体表面的热力学温度，K；$\overline{T_r}$ 为环境的平均辐射温度，K。

（3）人体总蒸发散热量 E。

$$E = C_{res} + E_{res} + E_{dif} + E_{rsw} \tag{3-6}$$

式中，C_{res} 为呼吸时的显热散热，W/m^2，$C_{res} = 0.0014M(34 - t_a)$；$E_{res}$ 为呼吸时的潜热散热，W/m^2，$E_{res} = 0.0173M(5.867 - p_a)$；$E_{dif}$ 为皮肤扩散蒸发散热（无感觉体液渗透），W/m^2，这里把服装潜热热阻简化为一个适用于一般室内环境的定值，忽略正常排汗对皮肤扩散量的影响，有：$E_{dif} = 3.05(0.254t_{sk} - 3.335 - p_a)$，根据 Rohlesh Nevins 实验回归式，$t_{sk} = 35.7 - 0.0275(M - W)$，$p_a$ 为人体周围环境空气水蒸气分压力，kPa；E_{rsw} 为人体在接近舒适条件下的皮肤表面出汗造成的潜热散热，W/m^2，$E_{rsw} = 0.42(M - W - 58.2)$。

把式（3-4）~式（3-6）带入式（3-3），就可以得到热舒适方程式（3-7）：

$$\begin{aligned}M - W = &f_{cl}h_c(t_{cl} - t_a) + 3.96 \times 10^{-8}f_{cl}[(t_{cl} + 273)^4 - (\overline{t_r} + 273)^4] + \\ &3.05[5.733 - 0.007(M - W) - p_a] + 0.42(M - W - 58.2) + \\ &0.0173M(5.867 - p_a) + 0.0014M(34 - t_a)\end{aligned}$$

$$\tag{3-7}$$

3.4.2.2　PMV – PPD 指标

PMV – PPD 模型综合考虑了人体活动程度、衣着热阻（衣着情况）、空气温度、平均辐射温度、空气流动速度和空气湿度等 6 个因素。PMV 指标代表了大多数人对同一环境的冷热感觉，反映了某一环境的热舒适度。由于人和人之间的生理差别，少数人对该热环境并不满意，故用 PPD 指标来表示对热环境不满意的百分数。尽管不同国家和不同地区人群存在差异，但这两个指标还是能比较准确地对室内热环境的舒适性进行检测和评价。现今，业内仍然采用 PMV 和 PPD 作为室内热环境最权威的评价标准，许多建筑法规将其作为室内热环境的主观评价指标[8,49~51]。因此本节采用 PMV – PPD 指标来描述空调房间的热舒适性。预测平均评价指标 PMV 表达式为：

$$PMV = [0.303\exp(-0.036M) + 0.0275] \times$$
$$\{M - W - 3.05[5.733 - 0.007(M - W) - p_a] -$$
$$0.42(M - W - 58.2) - 0.0173M(5.867 - p_a) - \quad (3-8)$$
$$0.0014M(34 - t_a) - 3.96 \times 10^{-8}f_{cl}[(t_{cl} + 273)^4 -$$
$$(\bar{t_r} + 273)^4] - f_{cl}h_c(t_{cl} - t_a)\}$$

式中，M 为人体代谢率，W/m^2；W 为人体所做的机械功，W/m^2，$W = M\eta$，η 为人体机械功效率；p_a 为人体周围环境空气水蒸气分压力，kPa；f_{cl} 为表面积系数；t_{cl} 为衣服表面温度，℃；$\bar{t_r}$ 为平均辐射温度，℃；h_c 为对流换热系数，$W/(m^2 \cdot ℃)$。

预期不满意百分率 PPD 指标表达式为：

$$PPD = 100 - 95\exp[-(0.03353PMV^4 + 0.2179PMV^2)] \quad (3-9)$$

3.5 毛细管平面辐射空调房间热平衡模型

以标准层有一面外墙、一面外窗的房间为研究对象，只考虑通过外墙、外窗的热损失，不考虑户间传热，计算中所采用的毛细管平面辐射空调房间如图 3 – 2 所示。

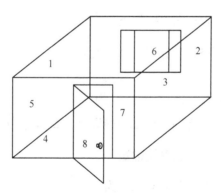

图 3 – 2　毛细管平面辐射空调房间示意图
1—辐射平面；2—外墙；3~5—内墙；6—外窗；7—地板；8—门

（1）房间尺寸。开间 × 进深 × 层高 = 3.0m × 4.8m × 2.8m。

（2）围护结构。墙：370mm 红砖墙体，传热系数 $k_2 = 1.57W/(m^2 \cdot ℃)$；窗：单框双玻璃窗，宽 × 高 = 1.8m × 1.5m，$k_6 = 3.26W/(m^2 \cdot ℃)$；窗台板高 0.9m。

（3）平面辐射板尺寸。长×宽 = 4.8m×3.0m。

（4）室外计算温度。夏季干球温度为 34.8℃；冬季为 –7.7℃。

房间各表面热平衡方程可表示为[83]：

导热量 + 对流换热量 + 各表面之间的辐射换热量 + 该表面上内热源散热量 = 0

3.5.1　窗、外墙的单位面积导热量

对于门窗等围护结构，可以忽略其蓄热性，为了简化计算将其传热得热按稳定传热考虑。所以，窗与外墙的单位面积导热量的表达式如下[83]。

窗的单位面积导热量为：

$$q_6 = \frac{1}{\frac{1}{K_6} - \frac{1}{\alpha_6}}(t_{o6} - t_6) = \frac{\alpha_6 K_6 (t_{o6} - t_6)}{\alpha_6 - K_6} \qquad (3-10)$$

外墙的单位面积导热量为：

$$q_2 = \frac{1}{\frac{1}{K_2} - \frac{1}{\alpha_2}}(t_{o2} - t_2) = \frac{\alpha_2 K_2 (t_{o2} - t_2)}{\alpha_2 - K_2} \qquad (3-11)$$

式中，K_6 为窗的传热系数，W/(m² · ℃)；K_2 为外墙的传热系数，W/(m² · ℃)；t_{o6} 为窗户的外表面温度，℃；t_{o2} 为外墙的外表面温度，℃；α_6 为窗的内表面对流换热系数，W/(m² · ℃)；α_2 为外墙的内表面对流换热系数，W/(m² · ℃)；t_6 为窗的内表面温度，℃；t_2 为外墙的内表面温度，℃。

3.5.2　第 i 表面的单位面积对流换热量

第 i 表面的单位面积对流换热量[84] $q_{c,i}$ 为：

$$q_{c,i} = \alpha_i(t_a - t_i) \qquad (3-12)$$

式中，t_a 为室内空气的平均温度，℃；α_i 为第 i 表面的对流换热系数，$\alpha_i = 1.43 \sqrt[3]{\Delta t_i}$[85]，$\Delta t_i$ 为墙表面与室内空气之间的温差，$\Delta t_i = t_i - t_a$。

3.5.3　第 i 表面的单位面积辐射换热量

第 i 表面的单位面积辐射换热量 $q_{r,i}$ 为：

$$q_{r,i} = \sum_{k=1}^{7} C_b \varepsilon_{ik} \varphi_{ik} \left[\left(\frac{t_k + 273}{100} \right)^4 - \left(\frac{t_i + 273}{100} \right)^4 \right] \qquad (3-13)$$

式中，C_b 为黑体辐射常数，其值为 5.67W/(m² · ℃)；ε_{ik} 为该围护结构内表面 i 与第 k 面围护结构内表面之间的系统黑度，约等于 i、k 表面自身黑度的乘积，即 $\varepsilon_{ik} = \varepsilon_i \varepsilon_k$，$\varepsilon_i = 0.91(i = 1, 2, 3, 4, 5, 7, 8)$，$\varepsilon_6 = 0.94$；$\varphi_{ik}$ 为围护结构内表面 i 对内表面 k 的辐射角系数，通过文献 [85]~[87] 来确定；t_i、t_k 分别为第 i

和第 k 围护结构内表面温度,℃。

为计算方便将式（3-13）线性化:

$$q_{r,i} = \sum_{k=1}^{7} \alpha_{ik}^{r}(t_k - t_i) \qquad (3-14)$$

式中,α_{ik}^{r} 为围护结构表面 i 和 k 之间的辐射换热系数,$W/(m^2 \cdot ℃)$,计算表达式为:

$$\alpha_{ik}^{r} = C_b \varepsilon_{ik} \varphi_{ik} \frac{\left(\dfrac{t_k+273}{100}\right)^4 - \left(\dfrac{t_i+273}{100}\right)^4}{t_k - t_i} \approx 4 \times 10^{-8} C_b \varepsilon_{ik} \varphi_{ik}\left(\frac{T_k+T_i}{2}\right)^3$$

$$= 4 \times 10^{-8} C_b \varepsilon_{ik} \varphi_{ik} T_m^3$$

$$(3-15)$$

式中,T_i、T_k 为表面 i、k 的热力学温度,K;T_m 近似取为某已知温度,令其等于室温 T_a。

3.5.4 内热源单位散热量

内热源单位散热量[84]q_i^r 为:

$$q_i^r = \frac{Q_i}{A_i} \qquad (3-16)$$

式中,Q_i 为第 i 围护结构中内热源的散热量,J;A_i 为第 i 围护结构内表面面积,m^2。

由式（3-10）~式（3-16）可得房间各表面热平衡方程的通式为:

$$q_i + \alpha_i(t_a - t_i) + \sum_{k=1}^{8} \alpha_{ik}^{r}(t_k - t_i) + q_i^r = 0 \qquad (3-17)$$

3.6 毛细管平面辐射空调房间热舒适研究

3.6.1 初始条件的确定

对于一般的办公室与居住建筑,人体的活动强度较低,根据 ISO 7730 标准[88],对 M 取值为 58.15 W/m^2（相对静坐）的情况进行了研究;人体机械效率 η,对于站着休息以及其他轻微活动 $\eta = 0$,计算中 η 的取值为 0;服装热阻,夏季居民在室内一般习惯于穿短裤、薄长裤、短袖开领衫、薄袜子、鞋子,服装的基本热阻近似取 $I_{cl} = 0.5clo(0.08m^2 \cdot K/W)$;冬季居民在室内一般习惯于穿棉内衣、棉内裤、长袖毛衣、毛裤、袜子和鞋子等,服装的基本热阻近似取 $I_{cl} = 1.0clo(0.16m^2 \cdot K/W)$;室内风速的取值,夏季 $v = 0.2m/s$,冬季 $v = 0.1m/s$;平均辐射温度 $\overline{t_r}$,用围护结构内表面积加权平均值来计算,即 $\overline{t_r} = \sum A_i t_i / \sum A_i$,

t_i 由式（3 - 16）组成的房间热平衡方程利用 MATLAB 软件编程，求解过程中采用 Jacobi 迭代法，在求解方程组时，由于不知道壁面温度，所以预先设定 t_i、t_k，然后把计算出来的壁面温度代回原式进行校核。这样，通过多次迭代，就求出比较准确的温度值。

服装表面系数的确定：

$$f_{cl} = \begin{cases} 1.0 + 1.290 I_{cl} & I_{cl} \leq 0.078 \\ 1.05 + 0.645 I_{cl} & I_{cl} > 0.078 \end{cases} \tag{3-18}$$

人体周围水蒸气分压力的求解：

$$p_a = \varphi_a \exp\left(16.6536 - \frac{4030.183}{t_a + 235}\right) \tag{3-19}$$

式中，φ_a 为周围空气的相对湿度，%。

对流换热系数的确定：

$$h_c = \begin{cases} 12.1 \times \sqrt{v} & 2.38(t_{cl} - t_a)^{0.25} < 12.1\sqrt{v} \\ 2.38 \times (t_{cl} - t_a)^{0.25} & 2.38(t_{cl} - t_a)^{0.25} > 12.1\sqrt{v} \end{cases} \tag{3-20}$$

衣服外表面温度的求解：

$$t_{cl} = 35.7 - 0.0275(M - W) - I_{cl}\{3.96 \times 10^{-8} f_{cl} \cdot$$
$$[(t_{cl} + 273)^4 - (\bar{t_r} + 273)^4] + f_{cl} h_c (t_{cl} - t_a)\} \tag{3-21}$$

服装表面温度的求解采用 Newton 迭代法求解，根据式（3 - 2）~式（3 - 21）以及相应的已知条件，采用 MATLAB 软件进行计算机编程，求解毛细管辐射空调及传统空调房间的 PMV 与 PPD 值。对于传统空调房间的 PMV 与 PPD 求解时，与求解毛细管辐射空调房间的 PMV 与 PPD 求解不同在于传统空调房间的平均辐射温度等于室内空气温度。冬季工况下毛细管平面辐射空调与传统空调房间在不同温度、相对湿度下的 PMV、PPD 计算结果见表 3 - 2 和表 3 - 3；夏季工况下毛细管平面辐射空调与传统空调房间在不同温度、相对湿度下的 PMV、PPD 计算结果见表 3 - 4 和表 3 - 5。

表 3 - 2　冬季工况下毛细管辐射空调房间不同温度、相对湿度下的 PMV、PPD 计算值

室内空气温度	指标	相对湿度				
		30%	40%	50%	60%	65%
16℃	PMV	- 1.6220	- 1.5742	- 1.5264	- 1.4786	- 1.4547
	PPD	57.5415	54.9402	52.3360	49.7391	48.4467
17℃	PMV	- 1.3754	- 1.3244	- 1.2735	- 1.2226	- 1.1971
	PPD	44.2053	41.5301	38.9133	36.3592	35.1058
18℃	PMV	- 1.1142	- 1.0599	- 1.0056	- 0.9514	- 0.9243
	PPD	31.1665	28.7086	26.3560	24.1187	23.0431

室内空气温度	指标	相对湿度				
		30%	40%	50%	60%	65%
19℃	PMV	- 0. 8255	- 0. 7678	- 0. 7100	- 0. 6522	- 0. 6234
	PPD	19. 3742	17. 4199	15. 6046	13. 9333	13. 1545
20℃	PMV	- 0. 5369	- 0. 4755	- 0. 4140	- 0. 3525	- 0. 3218
	PPD	11. 0318	9. 7218	8. 5726	7. 5855	7. 1530
21℃	PMV	- 0. 2891	- 0. 2237	- 0. 1583	- 0. 0930	- 0. 0603
	PPD	6. 7363	6. 0382	5. 5193	5. 1791	5. 0753
22℃	PMV	- 0. 0579	0. 0116	0. 0812	0. 1507	0. 1855
	PPD	5. 0694	5. 0028	5. 1365	5. 4706	5. 7134
23℃	PMV	0. 2093	0. 2832	0. 3571	0. 4310	0. 4679
	PPD	5. 9086	6. 6659	7. 6538	8. 8741	9. 5710
24℃	PMV	0. 4525	0. 5310	0. 6095	0. 6879	0. 7272
	PPD	9. 2730	10. 8989	12. 7915	14. 9485	16. 1298

表 3 - 3 冬季工况下传统空调房间不同温度、相对湿度下的 PMV、PPD 计算值

室内空气温度	指标	相对湿度				
		30%	40%	50%	60%	65%
16℃	PMV	- 1. 9681	- 1. 9203	- 1. 8725	- 1. 8247	- 1. 8009
	PPD	75. 3002	73. 0383	70. 6981	68. 2889	67. 0667
17℃	PMV	- 1. 7055	- 1. 6546	- 1. 6036	- 1. 5527	- 1. 5272
	PPD	62. 0459	59. 3083	56. 5412	53. 7686	52. 3795
18℃	PMV	- 1. 4491	- 1. 3949	- 1. 3406	- 1. 2864	- 1. 2592
	PPD	48. 1446	45. 2402	42. 3745	39. 5709	38. 1890
19℃	PMV	- 1. 2013	- 1. 1435	- 1. 0858	- 1. 0280	- 0. 9991
	PPD	35. 3110	32. 5340	29. 8682	27. 3134	26. 0818
20℃	PMV	- 0. 9509	- 0. 8894	- 0. 8280	- 0. 7665	- 0. 7357
	PPD	24. 0986	21. 7014	19. 4621	17. 3775	16. 3940
21℃	PMV	- 0. 6979	- 0. 6325	- 0. 5671	- 0. 5017	- 0. 4690
	PPD	15. 2428	13. 3967	11. 7360	10. 2609	9. 5927
22℃	PMV	- 0. 4423	- 0. 3727	- 0. 3032	- 0. 2337	- 0. 1989
	PPD	9. 0813	7. 8919	6. 9105	6. 1333	5. 8204
23℃	PMV	- 0. 1900	- 0. 1161	- 0. 0422	0. 0316	0. 0686
	PPD	5. 7485	5. 2792	5. 0369	5. 0207	5. 0974
24℃	PMV	0. 0650	0. 1435	0. 2219	0. 3004	0. 3396
	PPD	5. 0875	5. 4267	6. 0215	6. 8752	7. 3989

表3-4　夏季工况下毛细管辐射空调房间不同温度、相对湿度下的 PMV、PPD 计算值

室内空气温度	指标	相对湿度				
		30%	40%	50%	60%	65%
23℃	PMV	-1.9087	-1.8348	-1.7609	-1.6870	-1.6501
	PPD	72.4773	68.8032	64.9829	61.0545	59.0649
24℃	PMV	-1.5002	-1.4218	-1.3433	-1.2648	-1.2256
	PPD	50.9110	46.6770	42.5158	38.4721	36.5078
25℃	PMV	-1.0955	-1.0122	-0.9289	-0.8456	-0.8039
	PPD	30.3085	26.6362	23.2236	20.0880	18.6261
26℃	PMV	-0.6702	-0.5817	-0.4933	-0.4049	-0.3607
	PPD	14.4382	12.0907	10.0848	8.4164	7.7078
27℃	PMV	-0.3545	-0.2608	-0.1670	-0.0732	-0.0263
	PPD	7.6151	6.4121	5.5780	5.1109	5.0143
28℃	PMV	0.0420	0.1415	0.2409	0.3403	0.3900
	PPD	5.0365	5.4148	6.2043	7.4089	8.1682
29℃	PMV	0.4290	0.5343	0.6397	0.7451	0.7977
	PPD	8.8380	10.9731	13.5908	16.6899	18.4150
30℃	PMV	0.8027	0.9144	1.0260	1.1376	1.1934
	PPD	18.5851	22.6575	27.2271	32.2564	34.9255

表3-5　夏季工况下传统空调房间不同温度、相对湿度下的 PMV、PPD 计算值

室内空气温度	指标	相对湿度				
		30%	40%	50%	60%	65%
23℃	PMV	-1.6347	-1.5608	-1.4869	-1.4130	-1.3761
	PPD	58.2307	54.2100	50.1890	46.2059	44.2424
24℃	PMV	-1.2486	-1.1701	-1.0917	-1.0132	-0.9739
	PPD	37.6555	33.7994	30.1357	26.6787	25.0255
25℃	PMV	-0.8594	-0.7761	-0.6928	-0.6095	-0.5678
	PPD	20.5877	17.6923	15.0921	12.7915	11.7528

室内空气温度	指标	相对湿度				
		30%	40%	50%	60%	65%
26℃	PMV	- 0.4742	- 0.3857	- 0.2973	- 0.2089	- 0.1647
	PPD	9.6959	8.0983	6.8366	5.9051	5.5622
27℃	PMV	- 0.0857	0.0081	0.1019	0.1957	0.2425
	PPD	5.1521	5.0014	5.2150	5.7941	6.2204
28℃	PMV	0.3131	0.4125	0.5119	0.6114	0.6611
	PPD	7.0377	8.5466	10.4788	12.8406	14.1812
29℃	PMV	0.7081	0.8135	0.9188	1.0242	1.0769
	PPD	15.5474	18.9562	22.8284	27.1496	29.4671
30℃	PMV	1.1065	1.2181	1.3297	1.4413	1.4971
	PPD	30.8118	36.1367	41.8058	47.7244	50.7426

3.6.2 平均辐射温度对热舒适性的影响

辐射供冷（热）是指降低（升高）围护结构内表面中一个或多个表面的温度，形成冷（热）辐射面，依靠辐射面与人体、家具及围护结构其余表面的辐射热交换进行供冷（热）的技术。由于辐射面及围护结构和家具表面温度的变化，导致围护结构与空气间的对流换热加强，增强供冷（热）效果。平均辐射温度的意义是一个假想的等温围合面的表面温度，它与人体间的辐射换热量等于人体周围实际的非等温围合面与人体间的辐射换热交换量。

毛细管平面辐射供冷（热）系统改变了传统的以风作为载体的供冷（热）方式，把水作为能量传导介质，以辐射方式供冷（热），不仅舒适度高，而且是高效节能的空调形式。而传统空调房间，平均辐射温度等于室内空气温度。在人体代谢率为 $58W/m^2$、衣服热阻为 $0.0775m^2 \cdot K/W$、空气相对湿度为 50%、空气流速为 0.1m/s 的夏季工况下时，通过对 Fanger 公式编程计算得出，平均辐射温度每降低 1℃，PMV 值降低约 0.187；而空气温度每降低 1℃，PMV 值降低约 0.149。

以人体代谢率为 $58.15W/m^2$、衣服热阻为 1.0clo（$0.16m^2 \cdot K/W$）、空气相对湿度为 50%、空气流速为 0.1m/s，进一步探讨冬季工况下平均辐射温度与空气温度对热舒适的影响。

由图 3-3、图 3-4 可以看出，平均辐射温度单位改变量会引起较大的 PMV 值的改变，它对人体热舒适性影响要大于空气温度的影响。平均辐射温度每升高 1℃，PMV 值升高约 0.19；而空气温度每升高 1℃，PMV 值升高约 0.111。与夏季的平均辐射温度对舒适性影响的比较，可以得出，冬季工况下，室内平均辐射温度对人体舒适性的作用比空气温度作用更加明显。

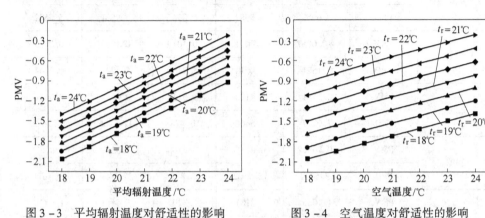

图 3-3　平均辐射温度对舒适性的影响　　　　图 3-4　空气温度对舒适性的影响

3.6.3　毛细管平面辐射空调房间计算温度探讨

3.6.3.1　冬季工况下毛细管平面辐射空调与传统空调房间的热舒适性比较

图 3-5、图 3-6 是冬季工况下，相对湿度在 50% 时，毛细管平面辐射空调房间与传统空调房间的 PMV、PPD 的曲线图。

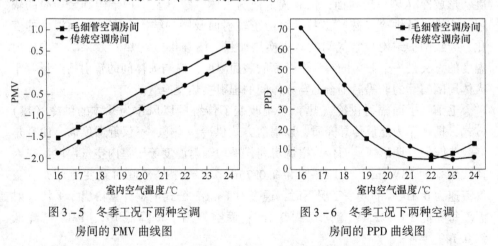

图 3-5　冬季工况下两种空调　　　　　　图 3-6　冬季工况下两种空调
　　　房间的 PMV 曲线图　　　　　　　　　　房间的 PPD 曲线图

由图 3-5 和图 3-6 可以清晰地看出，在相同的室内空气温度下，两种空调房间的舒适度是不同的，即：在一定的相对湿度下，若要达到相同的舒适度，两种空调房间所要求的室温是不同的。详细数值见表 3-6 和表 3-7。

表 3-6 冬季工况下两种空调房间的 PMV 计算值

相对湿度	房间	室内空气温度								
		16℃	17℃	18℃	19℃	20℃	21℃	22℃	23℃	24℃
30%	毛细管平面辐射空调房	-1.6220	-1.3754	-1.1142	-0.8255	-0.5369	-0.2891	-0.0579	0.2093	0.4525
	传统空调房	-1.9681	-1.7055	-1.4491	-1.2013	-0.9509	-0.6979	-0.4423	-0.1900	0.0650
40%	毛细管平面辐射空调房	-1.5742	-1.3244	-1.0599	-0.7678	-0.4755	-0.2237	0.0116	0.2832	0.5310
	传统空调房	-1.9203	-1.6546	-1.3949	-1.1435	-0.8894	-0.6325	-0.3727	-0.1161	0.1435
50%	毛细管平面辐射空调房	-1.5264	-1.2735	-1.0056	-0.7100	-0.4140	-0.1583	0.0812	0.3571	0.6095
	传统空调房	-1.8725	-1.6036	-1.3406	-1.0858	-0.8280	-0.5671	-0.3032	-0.0422	0.2219
60%	毛细管平面辐射空调房	-1.4786	-1.2226	-0.9514	-0.6522	-0.3525	-0.0930	0.1507	0.4310	0.6879
	传统空调房	-1.8247	-1.5527	-1.2864	-1.0280	-0.7665	-0.5017	-0.2337	0.0316	0.3004
65%	毛细管平面辐射空调房	-1.4547	-1.1971	-0.9243	-0.6234	-0.3218	-0.0603	0.1855	0.4679	0.7272
	传统空调房	-1.8009	-1.5272	-1.2592	-0.9991	0.5310	-0.4690	-0.1989	0.0686	0.3396

表 3-7 冬季工况下两种空调房间的 PPD 计算值

相对湿度	房间	室内空气温度								
		16℃	17℃	18℃	19℃	20℃	21℃	22℃	23℃	24℃
30%	毛细管平面辐射空调房	57.54	44.21	31.17	19.37	11.03	6.74	5.07	5.91	9.27
	传统空调房	75.30	62.05	48.15	35.31	24.10	15.24	9.08	5.75	5.09
40%	毛细管平面辐射空调房	54.94	41.53	28.71	17.42	9.72	6.04	5.00	6.67	10.90
	传统空调房	73.04	59.31	45.24	32.53	21.70	13.40	7.89	5.28	5.43
50%	毛细管平面辐射空调房	52.34	38.91	26.36	15.60	8.57	5.52	5.14	7.65	12.79
	传统空调房	70.70	56.54	42.37	29.87	19.46	11.74	6.91	5.04	6.02
60%	毛细管平面辐射空调房	49.74	36.36	24.12	13.93	7.59	5.18	5.47	8.87	14.95
	传统空调房	68.29	53.77	39.57	27.31	17.38	10.26	6.13	5.02	6.88
65%	毛细管平面辐射空调房	48.45	35.11	23.04	13.15	7.15	5.08	5.71	9.57	16.13
	传统空调房	67.067	52.38	38.19	26.08	16.39	9.59	5.82	5.10	7.40

由图 3-5 和图 3-6 可以得出，达到最舒适点时，毛细管平面辐射空调房间的空气温度为 21.6℃，此时，传统空调房间的空气温度为 23.2℃，因此毛细管平面辐射空调房间的温度比传统空调房间的温度低 1.6℃。进而通过分析表 3-5 和表 3-6 中的数据可以得出，冬季供暖时，在一定的相对湿度下，若要达到相同的热舒适效果，毛细管辐射空调房间的空气温度比传统空调房间的低 1.6℃左右。

3.6.3.2　夏季工况下毛细管辐射空调与传统空调房间的热舒适性比较

图 3-7 和图 3-8 所示为夏季工况下，相对湿度在 50% 时，毛细管辐射空调房间与传统空调房间的 PMV、PPD 的曲线图。表 3-8 为夏季工况下两种空调房间的 PMV 计算值，表 3-9 为夏季工况下两种空调房间的 PPD 计算值。

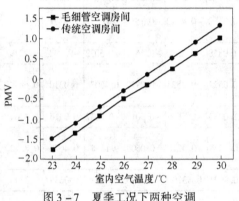
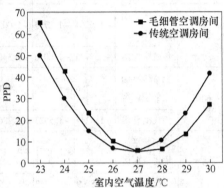

图 3-7　夏季工况下两种空调　　　　　图 3-8　夏季工况下两种空调
房间的 PMV 曲线图　　　　　　　　　房间的 PPD 曲线图

表 3-8　夏季工况下两种空调房间的 PMV 计算值

相对湿度	房间	室内空气温度							
		23℃	24℃	25℃	26℃	27℃	28℃	29℃	30℃
30%	毛细管平面辐射空调房	-1.9087	-1.5002	-1.0955	-0.6702	-0.3545	0.0420	0.4290	0.8027
	传统空调房	-1.6347	-1.2486	-0.8594	-0.4742	-0.0857	0.3131	0.7081	1.1065
40%	毛细管平面辐射空调房	-1.8348	-1.4218	-1.0122	-0.5817	-0.2608	0.1415	0.5343	0.9144
	传统空调房	-1.5608	-1.1701	-0.7761	-0.3857	0.0081	0.4125	0.8135	1.2181
50%	毛细管平面辐射空调房	-1.7609	-1.3433	-0.9289	-0.4933	-0.1670	0.2409	0.6397	1.026
	传统空调房	-1.4869	-1.0917	-0.6928	-0.2973	0.1019	0.5119	0.9188	1.3297
60%	毛细管平面辐射空调房	-1.6870	-1.2648	-0.8456	-0.4049	-0.0732	0.3403	0.7451	1.1376
	传统空调房	-1.4130	-1.0132	-0.6095	-0.2089	0.1957	0.6114	1.0242	1.4413
65%	毛细管平面辐射空调房	-1.6501	-1.2256	-0.8039	-0.3607	-0.0263	0.3900	0.7977	1.1934
	传统空调房	-1.3761	-0.9739	-0.5678	-0.1647	0.2425	0.6611	1.0769	1.4971

表3-9 夏季工况下两种空调房间的PPD计算值

相对湿度	房间	室内空气温度							
		23℃	24℃	25℃	26℃	27℃	28℃	29℃	30℃
30%	毛细管平面辐射空调房	72.48	50.91	30.31	14.44	7.61	5.04	8.84	18.59
	传统空调房	58.23	37.66	20.59	9.7	5.15	7.04	15.55	30.81
40%	毛细管平面辐射空调房	68.80	46.68	26.64	12.09	6.41	5.41	10.97	22.66
	传统空调房	54.21	33.80	17.69	8.10	5.00	8.55	18.96	36.14
50%	毛细管平面辐射空调房	64.98	42.52	23.22	10.08	5.58	6.20	13.59	27.23
	传统空调房	50.19	30.14	15.09	6.84	5.22	10.48	22.83	41.81
60%	毛细管平面辐射空调房	61.05	38.47	20.09	8.42	5.11	7.41	16.69	32.26
	传统空调房	46.21	26.68	12.79	5.91	5.79	12.84	27.15	47.72
65%	毛细管平面辐射空调房	59.06	36.51	18.63	7.71	5.01	8.17	18.42	34.93
	传统空调房	44.24	25.03	11.75	5.56	6.22	14.18	29.47	50.74

由图3-7、图3-8可以得出，在夏季供冷时，达到相同的舒适度时，毛细管辐射空调房间的空气温度与传统空调房间的也是不同的。通过对图3-7、图3-8和表3-8、表3-9分析，得出夏季供冷时，在一定的相对湿度下，若要达到相同的热舒适效果，毛细管辐射空调房间的空气温度比传统空调房间的高1.6℃左右。

根据ISO 7730中PMV-PPD指标的推荐值及图3-5~图3-8、表3-6~表3-9，得出在人体相对静坐的状态下，毛细管平面辐射空调房间达到最舒适时冬季供暖的温湿度范围为：温度20~23℃，相对湿度为30%~60%；夏季供冷的温湿度范围为：温度26~28℃，相对湿度为50%~65%。在既强调建筑节能又能提倡改善人居环境的今天，根据我国暖通设计规范中规定的室内计算温度及上述对毛细管辐射空调房间计算温度探讨，可以得出人体相对静坐状态下，毛细管辐射空调房间冬季供暖的温湿度范围为：温度20~23℃，相对湿度为30%~60%；夏季供冷的温湿度范围为：温度26~28℃，相对湿度为50%~65%。

3.6.4 相对湿度对空调房间热舒适性的影响

空气的相对湿度是空气中实际所含水蒸气密度和同温度下饱和水蒸气密度的

百分比值。空气的干湿程度和空气中所含有的水汽量接近饱和的程度有关,而和空气中含有水汽的绝对量却无直接关系。太干燥和太潮湿的环境均会令人产生不舒适感。

　　图3-9、图3-10所示分别为冬季工况下,不同空气温度下相对湿度对辐射空调房间与传统空调房间的 PMV 的影响图。由表3-6和表3-8可以得出,温度一定时,室内相对湿度的变化对热舒适度有明显的影响。图3-11、图3-12所示分别为夏季工况下,不同空气温度下相对湿度对辐射空调房间与传统空调房间的 PMV 的影响图。通过计算分析得出,不同的室内空气温度下,相对湿度在相同的变化量下,对舒适度的影响程度也是不同的。但是,不同的室内空气温度、相对湿度在相同的变化量时,无论是对毛细管辐射空调房间还是传统空调房间舒适度的影响程度是相同的。不同的室内空气温度下,相对湿度每变化10%时,空调房间的 PMV 相应的变化值见表3-10。

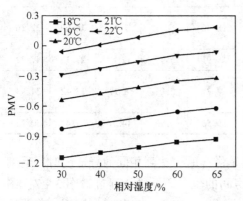

图3-9　冬季工况下不同空气温度下相对湿度对辐射空调室内 PMV 的影响

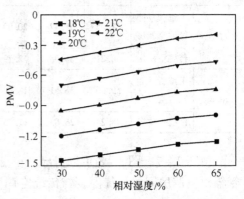

图3-10　冬季工况下不同空气温度下相对湿度对传统空调室内 PMV 的影响

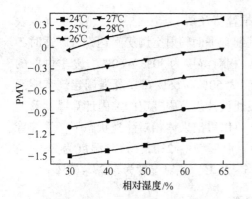

图3-11　夏季工况下不同空气温度下相对湿度对辐射空调室内 PMV 的影响

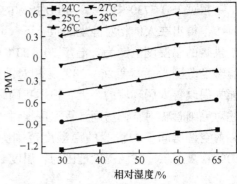

图3-12　夏季工况下不同空气温度下相对湿度对传统空调室内 PMV 的影响

表 3 - 10　相对湿度每变化 10%时空调房间 PMV 值的变化表

室温/℃	16	17	18	19	20	21	22
ΔPMV	0.048	0.051	0.054	0.058	0.061	0.065	0.070
室温/℃	23	24	25	26	27	28	29
ΔPMV	0.074	0.079	0.083	0.088	0.094	0.099	0.105

由图 3 - 9 ~ 图 3 - 12 可以看出，相对湿度增大，PMV 值也相应地增大；相对湿度减小，PMV 值也相应地减小。相对湿度和空气温度一样，也影响着人体的热舒适性。在一定的范围内，空调室内温度越低时，要想得到较好的舒适感，就应该相应的增加空气的相对湿度；空调室内温度较高时，要想得到较好的舒适感，就应该相应的减小空气的相对湿度，但是室内空气的相对湿度的变化范围在 30% ~ 65% 之内。

4 毛细管平面辐射空调热工特性

4.1 毛细管平面辐射空调介绍

4.1.1 毛细管平面辐射空调的分类

按照毛细管换热器敷设的位置不同可分为：地面式、墙面式、顶面式。毛细管平面辐射空调能够很好地与建筑结构结合为一体，也可作为一个单体，依附于建筑结构[89]。其中墙面式的毛细管平面辐射空调系统也被称为毛细管重力循环空调系统，是毛细管技术与重力循环空调技术结合的产物。下面主要研究顶面式毛细管换热器辐射系统。

按毛细管换热器与建筑物的结合方式可分为：整体式、贴附式和悬挂式[90]。

整体式是指将毛细管换热器埋在建筑结构中，与建筑结构合为一体。图 4 - 1 所示为与建筑结构结合为一体的毛细管换热器辐射空调形式。

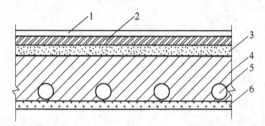

图 4 - 1　与建筑结构结合的毛细管换热器

1—装饰层；2—水泥找平层；3—绝热层；4—预制楼板；5—流通冷媒的毛细管；6—抹灰层

贴附式是指毛细管换热器贴附在建筑结构表面。图 4 - 2 所示为混凝土楼板下的贴附式毛细管平面辐射空调。毛细管换热器直接安装在混凝土楼板下的抹灰涂层中，格栅的联管可安装在吊顶上的开槽内或特地设置的假梁内，也可安装在毗邻走廊的中空区域。这种安装方式结构高度小，适合安装在层高较小的建筑中，且对改建工程也不会影响层高。

悬挂式毛细管换热器是用吊钩等部件将毛细管换热器吊装在楼板的下方，然后再辅以装饰面，如图 4 - 3 所示。

辐射吊顶通过吊钩 1 挂在房间混凝土楼板 2 之下，毛细管换热器固定在楼板的下方，再用装饰板遮挡，毛细管换热器的联管和其他房间设施的管线安装在吊顶上方空间内。毛细管网下方可以做装饰孔板，装饰孔板可采用带孔的薄钢板或者是薄铝板。

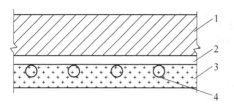 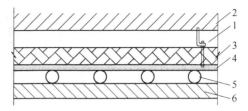

图 4 - 2　贴附式毛细管换热器　　　　图 4 - 3　悬挂式毛细管换热器

1—混凝土楼板；2—绝热层；　　　　1—吊钩；2—混凝土楼板；3—下部结构面；

3—抹灰层；4—毛细管换热器　　　　4—绝热层；5—毛细管换热器；6—吊顶装饰板

毛细管换热器是由直径 3 ~5mm、壁厚 0.5 ~0.8mm 的毛细管和直径为 20mm 的联管组成，按照管束布置方式的不同，大致有 S 型、U 型、G 型三类，如图 1 -4 所示。毛细管换热器管间距有 10mm、20mm、30mm 等几种。为了便于使用，分块制作成毛细管换热器，采用热熔焊或者快速接头连接成所需的供冷（热）面积，然后按照以上的安装方式，形成以辐射换热为主的供冷（热）末端装置。

4.1.2　毛细管平面辐射空调系统构成

毛细管平面辐射空调系统一般是由热交换器、带循环泵的热介质分配站、温控系统、热介质输送管路、毛细管换热器、新风除湿降温装置、全热回收装置、风道及风机等组成。

热交换器一般采用板式换热器，选用耐腐蚀的合金钢作为制造材料。通过热交换器将机组设备的一次循环水系统和毛细管换热器的二次循环水系统分离，同时实现热量交换，这样既保证了毛细管换热器所需要的热介质温度，又能够保证毛细管换热器内介质的洁净度。

热介质分配站是循环控制中心，可以按供热（冷）需求调节各供水回路。在分配站内每个回水管路上安装一个电动调节阀，调节各毛细管换热器的水力平衡，以保证各毛细管换热器热力平衡。另外在热介质分配站中设置自动排气阀，以排出毛细管平面辐射空调系统内的不凝气体，如图 4 -4 所示。

温控系统包括温控器和调节阀，根据用户预先设定的每个房间的温度自动调节室温。在温控器面板上设定室内需要的温度，通过温控器的传感器监测室温，控制连接在水流回路上的调节阀。如果室温高于设定值，则调节器自动关闭调节阀，室温低于设定值，调节器自动开启调节阀。同时室内设置露点检测装置，当室内温度达到露点温度，则加大新风输送数量或关闭供水阀门，反之则适当减小新风量或开大供水阀门。

毛细管换热器是该空调系统的末端散热装置，其制作原料是无规共聚聚丙烯（PP – R）塑料，也是整个系统中最具特色的部分。2002 年，辐射吊顶被美国能源部列为美国当今和未来，在经济和能源节约方面最具优势的 15 项暖通空调节能技术之一，并成为最有发展潜力的空调系统——DOAS（dedicated outdoor air - conditioning system，"独立新风系统"）的主要组成部分[91]。

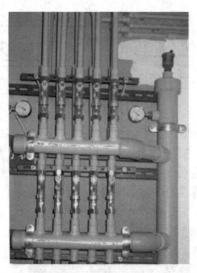

图 4 - 4　分配站示意图

　　毛细管换热器的散热机理是冷（热）媒通过管路系统输送到末端散热装置——毛细管换热器，将能量（热量或冷量）传递到表面，其表面再通过对流和辐射，并以辐射为主的方式直接与室内环境进行换热，通常冷媒为水，与空气相比，输送水可以提高能量传输密度、降低输配系统电耗，当然也可以选制冷剂为冷媒，以高温的蒸发器（蒸发温度为 15℃）直接作为辐射板。

　　由于辐射的"超距"作用，辐射换热可不经过空气而在热表面间直接换热，因此各种室内余热以短波辐射或长波辐射方式到达毛细管换热器表面后，直接被辐射板内热介质吸收并带离室内环境，直接成为空调系统负荷，很显然这一换热过程减少了室内余热排出室外整个过程的换热环节，这是毛细管换热器辐射末端与周围能量交换与常规空调方式的最大不同，如图 4 - 5 所示。

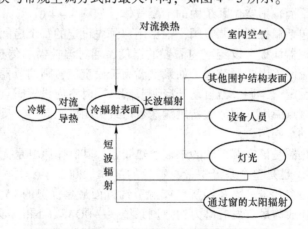

图 4 - 5　毛细管换热器末端与周围的能量交换

4.2　毛细管平面辐射空调系统热工模型

　　毛细管平面辐射空调系统与室内空气、壁面进行热交换，从而实现毛细管平面辐射空调系统夏季供冷，冬季供暖的目的。热量由供水系统输送到房间的毛细管换热器，通过对流和导热传递到装饰层表面，然后由装饰层表面以对流形式向房间空气传递，以辐射方式向房间各壁面传递，来吸收从建筑外传入的以及建筑物内产生的热量或冷量。因此，毛细管换热器的供冷（热）量与其产品结构、毛细管规格、毛细管管间距、水流速、传热温差（毛细管内平均水温与室内综合温度之差）、吊顶装饰形状、毛细管换热器布置位置、装饰面材料及室内各壁面材料等诸多因素有关。

　　下面就室内传热过程进行动态分析，分析室内毛细管平面辐射空调换热的主要影响因素。

4.2.1　毛细管平面辐射空调系统的物理模型

　　以济南市某办公室为研究对象。采用较典型的贴附式吊顶形式——抹灰涂层毛细管换热器辐射顶板，来进行传热分析。图 4 – 6 所示为毛细管换热器工艺剖面图，毛细管换热器采用界面剂黏附在楼板表面，然后用厚度为 10 ~ 15mm 装饰涂料喷刷，以完全覆盖毛细管换热器。办公室的几何尺寸为 4.5m（X）× 3.6m（Y）× 3.3m（Z），建筑面积 14.85m²。室内人员和设备参数见表 4 –1，房间的物理模型如图 4 –7 所示。

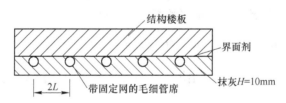

图 4 – 6　楼板贴附式毛细管换热器剖面图

表 4 – 1　办公室人员设备参数

项　目	数量	备　注
人员/个	2	人体散热量为 73W，散湿量 109g/h
电脑/台	2	300W
日光灯/盏	6	6 × 34W
条形送风口/个	1	200mm × 350mm
南外墙/面	1	12.15m²
南外窗/个	1	4.05m²

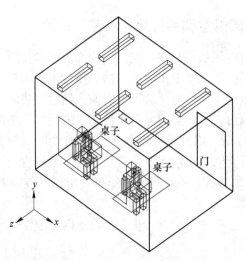

图 4-7 办公室几何构造及室内布局

按照建筑节能 50% 的标准建造，选定围护结构的外墙传热系数为 1.27W/(m² · K)，总面积为 12.15m²。边界条件随室外条件发生变化。

南外窗的传热系数为 4W/(m² · K)，面积是 4.05m²。边界条件随室外条件发生变化。

内墙和地面的传热量很小，在此忽略不计，故内墙和地面均设为绝热边界条件。

毛细管换热器敷设在房间的天花板上，其供水温度为 18℃，考虑 2℃ 温差，出口温度为 20℃，因此顶板表面平均温度为 19℃。

4.2.2 毛细管平面辐射空调系统传热的数学分析

下面就以上办公室，采用贴附式毛细管平面辐射空调系统的传热过程进行分析。

4.2.2.1 模型简化假设

毛细管平面辐射空调系统中水流运动和传热过程是相当复杂的，事实上，水温是不断变化的，水的流动和传热相互作用，相互耦合，室内人员数量、位置、活动量等也会在不断变化等，为了使问题得到合理的简化现在做如下假设[92,93]：

（1）热介质在管中流动，将冷（热）量传到室内空间，热量传递在空间的 3 个方向进行，故该传热过程为三维热传递过程。由于室内毛细管换热器热介质随着管长方向的温度变化很缓慢，故忽略热量沿管长的热量传递，可认为沿管长方向上不发生热传导，毛细管外表面温度均匀，认为毛细管换热器平面温度场是二维的。

（2）无论毛细管网形式如何，相邻的两毛细管的温差不大，两管温度场基本以中心断面对称,视中心断面为绝热面,取两管间的一半作为研究对象。

(3)由于绝热层的存在,忽略毛细格栅向楼板上部的地面传热,认为楼板上表面为绝热表面。

(4)毛细管换热器管内热介质流动为均匀流,各层材料为各向同性,且各层材料之间无接触热阻。

(5)除毛细管换热器平面、南外墙、南外窗外其余围护结构为绝热壁面。

(6)在新风入口处,送风射流参数均匀,室内空气热物性参数为定值。

毛细管换热器内热介质与室内空气及壁面之间的热交换过程可以分为以下几个步骤:

(1)管内热介质与管内壁之间的强迫对流换热。

(2)管内壁和管外壁之间的导热。

(3)管外壁与下表面的装饰层(可以是抹灰层也可以是其他材质的装饰层,本研究中选用抹灰层)之间的导热。

(4)装饰层表面与室内空气及周围壁面之间的复合换热过程,包括对流换热和辐射换热。

(5)室内空气与外墙、外窗,其他室内表面与外墙、外窗内表面的对流、辐射换热。

(6)外墙、外窗的导热。

(7)外墙、外窗与室外环境的对流、辐射换热。

4.2.2.2 数学控制方程

毛细管换热器内热介质与建筑顶板表面装饰层进行换热,进而与房间内空气、壁面进行换热,使房间温度不断下降或维持一稳定数值。对于毛细管换热器与装饰层的换热属于二维非稳态导热过程,其微分方程为:

$$\frac{\partial T}{\partial \tau} = \frac{\lambda}{\rho c_p}\left(\frac{\partial^2 T}{\partial x^2} + \frac{\partial^2 T}{\partial y^2}\right) \qquad (4-1)$$

同样的,房间外墙和外窗,忽略纵向传热,从外表面向内表面的换热,式(4-1)也适用。

对于毛细管平面辐射空调房间内,温度场、速度场以及浓度场等的求解,根据文献[91]对毛细管平面辐射空调房间进行数学分析,空调房间多为黏性湍流流动,其能量微分方程为:

$$\frac{\partial}{\partial \tau}(\rho c_p T) + \frac{\partial}{\partial x_j}(\rho c_p T v_j) = \frac{\partial}{\partial x_j}\left(\lambda \frac{\partial T}{\partial x_j}\right) + S_T \qquad (4-2)$$

式中,T 为温度场的温度值,℃;λ 为材料的导热系数,W/(m・℃);τ 为时间,s;c_p 为材料的比热容,J/(kg・℃);ρ 为材料的密度,kg/m³;S_T 为单位体积的内热源,W/m³;v_j 为各速度分量,m/s。

连续性方程为：

$$\frac{\partial \rho}{\partial \tau} + \frac{\partial}{\partial x_j}(\rho v_j) = 0 \qquad (4-3)$$

动量方程为：

$$\frac{\partial}{\partial \tau}(\rho v_i) + \frac{\partial}{\partial x_j}(\rho v_j v_i) = -\frac{\partial p}{\partial x_i} + \frac{\partial}{\partial x_j}\left[\mu\left(\frac{\partial v_j}{\partial x_i} + \frac{\partial v_i}{\partial x_j}\right)\right] - \frac{2}{3}\frac{\partial}{\partial x_i}\left(\mu\frac{\partial v_j}{\partial x_j}\right) + \rho g_i$$

$$(4-4)$$

根据黏性流体力学的涡理论可得出：

雷诺应力：

$$\tau = -\rho \overline{v_j' v_i'} = \mu\left(\frac{\partial \bar{v_j}}{\partial x_i} + \frac{\partial \bar{v_i}}{\partial x_j}\right) - \frac{2}{3}\rho k \delta_{ij} \qquad (4-5)$$

雷诺物质流：

$$g = \rho \overline{v_j' Y_S'} = D_Y \rho \frac{\partial \overline{Y_S}}{\partial x_j} = \frac{\mu_t}{\sigma_Y}\frac{\partial \overline{Y_S}}{\partial x_j} \qquad (4-6)$$

雷诺热流：

$$q = -\rho c_p \overline{v_j' T'} = \lambda_T \frac{\partial \overline{T}}{\partial x_j} = \frac{\mu_t}{\sigma_T}\frac{\partial \overline{T}}{\partial x_j} \qquad (4-7)$$

式中，$Y_S = \rho_s/\rho$ 为相对密度；μ 为动力黏性系数，$N \cdot s/m^2$；μ_t 为紊流黏性系数，$N \cdot s/m^2$；σ_Y 为施密特数；σ_T 为普朗特数；λ_T 为某温度下的导热系数，$W/(m \cdot \text{℃})$；δ_{ij} 为克罗内克尔（Kronecker）数。

于是，其能量方程及动量方程分别为：

能量方程：

$$\frac{\partial}{\partial \tau}(\rho c_p T) + \frac{\partial}{\partial x_j}(\rho c_p T v_j) = \frac{\partial}{\partial x_j}\left[\left(\lambda + \frac{\mu_t}{\sigma_T}\right)\frac{\partial T}{\partial x_j}\right] + S_T \qquad (4-8)$$

动量方程：

$$\frac{\partial}{\partial \tau}(\rho v_i) + \frac{\partial}{\partial x_j}(\rho v_j v_i) = -\frac{\partial p_e}{\partial x_i} + \frac{\partial}{\partial x_j}\left[\mu_e\left(\frac{\partial v_j}{\partial x_i} + \frac{\partial v_i}{\partial x_j}\right)\right] - \rho_c g_i \beta(T - T_c)$$

$$(4-9)$$

式中，p_e 为有效压力，Pa，$\frac{\partial p_e}{\partial x_i} = \frac{\partial p}{\partial x_i} - \rho_c g_i + \frac{2}{3}\rho k \delta_{ij}$；$\mu_e = \mu + \mu_t$ 为有效黏性系数，$N \cdot s/m^2$；ρ_c 为参考密度，kg/m^3；T_c 为参考温度，℃。

考虑毛细管平面辐射空调室内的单向流动区雷诺数很小，紊流黏性系数的经验公式可表示为：

$$\mu_t = 0.03874 \rho v l \qquad (4-10)$$

式中，v 为速度，m/s；l 为离墙体的最近距离，m。

室内湍流流动的控制微分方程通式可表述为：

$$\frac{\partial}{\partial \tau}(\rho \varphi) + \mathrm{div}(\rho u \varphi) = \mathrm{div}(\Gamma_{\varphi} \cdot \mathrm{grad} \varphi) + S_{\varphi} \tag{4-11}$$

式中，等号左边第一项为瞬态项，第二项为对流项；等号右边第一项为扩散项，第二项为源项；φ 为流动的速度、焓（温度）、压力等物理量，具体见表 4-2。

表4-2　湍流模型的流动控制方程

S_{φ}	φ	Γ_{φ}
1	0	0
u	μ_{e}	$-\dfrac{\partial p}{\partial x} + \dfrac{\partial}{\partial x}\left(\mu_e \dfrac{\partial u}{\partial x}\right) + \dfrac{\partial}{\partial y}\left(\mu_e \dfrac{\partial v}{\partial x}\right) + \dfrac{\partial}{\partial z}\left(\mu_e \dfrac{\partial w}{\partial x}\right) + g_x(\rho - \rho_{ref})$
v	μ_{e}	$-\dfrac{\partial p}{\partial y} + \dfrac{\partial}{\partial x}\left(\mu_e \dfrac{\partial u}{\partial y}\right) + \dfrac{\partial}{\partial y}\left(\mu_e \dfrac{\partial v}{\partial y}\right) + \dfrac{\partial}{\partial z}\left(\mu_e \dfrac{\partial w}{\partial y}\right) + g_y(\rho - \rho_{ref})$
w	μ_{e}	$-\dfrac{\partial p}{\partial z} + \dfrac{\partial}{\partial x}\left(\mu_e \dfrac{\partial u}{\partial z}\right) + \dfrac{\partial}{\partial y}\left(\mu_e \dfrac{\partial v}{\partial z}\right) + \dfrac{\partial}{\partial z}\left(\mu_e \dfrac{\partial w}{\partial z}\right) + g_z(\rho - \rho_{ref})$
h	$\dfrac{\mu_{e}}{\sigma_h}$	S_h

由于毛细管平面辐射空调室内为自然对流，体积力只有重力，故有 $S_u = 0$，$S_v = 0$，$S_w = -\rho g$。其中 $\mu_e = \mu_1 + \mu_t$，μ_1 为空气层流动力黏度，$\mathrm{N \cdot s/m^2}$；μ_t 由式（4-10）计算；u、v、w 分别表示 x、y、z 3 个方向的速度，m/s；h 表示空气的焓，kJ/kg；p 为空气的压力，Pa；g_x、g_y、g_z 分别表示 x、y、z 3 个方向的重力加速度，$\mathrm{m/s^2}$；ρ_{ref} 为空气的参考密度，$\mathrm{kg/m^3}$；σ_h 为 h 的当量普朗特数；S_h 表示单位体积的发热量，$\mathrm{W/m^3}$。

考虑房间毛细管换热器与房间各壁面之间存在短、长波辐射换热，其辐射换热方程为：

$$\frac{\mathrm{d} I(\boldsymbol{r},\boldsymbol{s})}{\mathrm{d}s} + (a + \sigma_s) I(\boldsymbol{r},\boldsymbol{s}) = a n^2 \frac{\sigma T^4}{\pi} + \frac{\sigma_s}{4\pi} \int_0^{4\pi} I(\boldsymbol{r},\boldsymbol{s}) \Phi(\boldsymbol{s},\boldsymbol{s}') \mathrm{d}\Omega'$$

$$\tag{4-12}$$

式中，$\boldsymbol{r}$ 为位置向量；$\boldsymbol{s}$ 为方向向量；s 为沿程长度，m；a 为吸收系数；n 为折算系数；σ_s 为散射系数；σ 为斯忒藩-玻耳兹曼常数（$5.672 \times 10^{-8} \mathrm{W/(m^2 \cdot K^4)}$）；$I$ 为辐射强度，$\mathrm{W/(m^2 \cdot sr)}$；$T$ 为当地热力学温度，K；Φ 为相位函数；Ω' 为空间立体角，sr。

考虑到室内温度场、速度场等会对室内污染物的扩散造成影响，进而影响室内的空气品质，即影响室内舒适度，故有室内浓度场数学描述方程：

$$\frac{\partial}{\partial \tau}(\rho Y_s) + \frac{\partial}{\partial x_j}(\rho Y_s v_j) = \frac{\partial}{\partial x_j}\left[\left(D\rho + \frac{\mu_t}{\sigma_Y}\right)\frac{\partial Y_s}{\partial x_j}\right] + S_Y \tag{4-13}$$

从以上分析可以看出，毛细管换热器内热介质，吸收从室外传入室内的热量

（冷量），维持室内的舒适温度、湿度以及合理的洁净度，其过程是非常复杂的。为了能够较清楚的对热量传递过程进行分析，现将复杂的传热过程分为毛细管换热器内热介质与装饰层的换热、装饰层与室内空气及壁面的换热、室内空气及壁面与室外的换热 3 个过程来考虑。

4.2.3　毛细管换热器管内热介质与装饰层的换热

毛细管换热器内热介质与装饰层的换热包括热介质与毛细管内表面的对流换热、毛细管本身的导热、毛细管外壁与装饰层的导热。

4.2.3.1　热介质与毛细管之间的换热

根据能量守恒定律可知有如下关系：

$$Gc_{p1}(T_g - T_h) = KF(T_w - T_b) \tag{4-14}$$

式中，G 为管内冷水流量，kg/s；c_{p1} 为水的比热容，$4.2 \times 10^3 J/(kg \cdot ℃)$；$T_g$ 为管内供水温度，℃；T_h 为回水温度，℃；F 为壁面面积，m^2；T_w 为毛细管内热介质的平均水温，℃；T_b 为管外壁平均温度，℃；K 为传热系数，$W/(m^2 \cdot ℃)$。

根据式（4-14）可知毛细管外壁温为：

$$T_b = T_w - \frac{Gc_{p1}(T_g - T_h)}{KF} \tag{4-15}$$

$$G = \frac{\pi d_1^2}{4} u_m \rho_1 \tag{4-16}$$

式中，d_1 为毛细管内径，m；u_m 为毛细管管内平均流速，m/s；ρ_1 为水的密度，kg/m^3。

$$F = \pi d_m L \tag{4-17}$$

式中，$d_m = \dfrac{d_1 + d_2}{2}$，$d_2$ 为毛细管外径，m；L 为管长，单位长度时取 1m。

$$K = 1 \left/ \left(\frac{1}{h_1} + \frac{d_2 - d_1}{\lambda_1} \right) \right. \tag{4-18}$$

式中，$d_2 - d_1$ 为管壁厚度，近似取为 0.5mm；h_1 为管内强迫对流换热系数，$W/(m^2 \cdot ℃)$；λ_1 为 PP-R 毛细管的导热系数，取 $0.21 W/(m \cdot ℃)$。

$$T_w = \frac{T_g + T_h}{2} \tag{4-19}$$

毛细管管内平均流速 u_m 取 $0.05 \sim 0.2 m/s$；管内径 d_1 取 $2 \sim 5mm$，ν_1 为流体的运动黏度，取水在 20℃ 的运动黏度为 $5.1 \times 10^{-4} m^2/s$。

则雷诺数 $Re = \dfrac{u_m d_1}{\nu_1} = \dfrac{0.2 \times 0.005}{5.1 \times 10^{-4}} = 1.96 < 2300$[92] 属于层流状态。

根据文献 [94]，则有：$Nu_f = \dfrac{h_1 d_1}{\lambda_f} = 3.66 \tag{4-20}$

式中，λ_f 为流体的导热系数，W/(m·℃)。

则有：

$$T_b = T_w - d_m u_m (T_g - T_h) \left[1050 \left(\frac{d_1}{2.5} + 2 \times 10^{-3} \right) \right] \qquad (4-21)$$

4.2.3.2 毛细管管外壁与装饰材料之间的换热

图 4-8 所示为毛细管换热器与装饰层的计算单元，为简化求解，且有绝热层的存在，忽略沿毛细管向上的导热，取 $a-c$ 界面为绝热界面，且仅考虑稳定后传热过程，毛细管的传热过程为稳态传热。

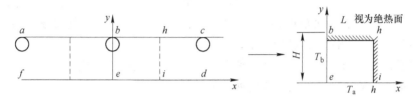

图 4-8 毛细管换热器与装饰层的计算单元

按照以上分析，温度关于中心面对称，选取两管间的中心 $h-i$ 面为绝热边界。计算过程中，由于管壁及装饰层的厚度较小，为简化计算忽略管道与装饰层的热阻，则装饰层与管壁接触处的温度为 T_b。

4.2.3.3 装饰层表面与房间的传热

装饰层与房间的换热是一个复杂的复合换热过程，既存在自然对流为主导作用的对流换热，又存在毛细管换热器与各墙面、窗等的短、长波辐射，其综合传热量是辐射传热量和对流传热量之和，即：$q_z = q_c + q_r$。

以夏季为例进行分析，毛细管换热器顶板（以下简称顶板）表面的对流换热，属于大平板冷面朝下的自然对流换热，忽略顶板温度不均衡因素对对流换热的影响，认为顶板温度为均匀的，则有：

$$Nu = 0.15 (Gr \cdot Pr)^{\frac{1}{3}} \qquad (4-22)$$

式中，Nu 为努塞尔数，$Nu = \frac{hl}{\lambda}$；Gr 为格拉晓夫数，$Gr = \frac{gl^3 \alpha \Delta t}{\nu^2}$；$Pr$ 为普朗特数，$Pr = \frac{\nu}{a}$；l 为壁面定型尺寸，m；α 为流体容积膨胀系数，1/K；g 为重力加速度，m/s^2；Δt 为流体与壁面温度差，℃；ν 为运动黏性系数，m^2/s；a 为导温系数，m^2/s。

根据文献 [94] 就冷面向下的对流换热进行计算，可以得出：

$$h_2 = 2.17 (T_p - T_a)^{0.31} \qquad (4-23)$$

$$q_c = 2.17 (T_p - T_a)^{1.31} \qquad (4-24)$$

式中，h_2 为顶板下表面的对流换热系数，W/(m^2·℃)；T_a 为室内空气温度,℃；

q_c 为顶板表面与室内空气间的对流换热量，W/m^2；T_p 为顶板下表面的平均温度，$℃$。

顶板表面与室内其他各表面的辐射换热，实际上是顶板与内墙表面，顶板与外墙面，顶板与外窗，顶板与室内散热表面的长波辐射换热。辐射换热量受表面温度、表面黑度、相对表面位置等许多因素影响。为简化计算，在顶板辐射换热计算时，认为顶板表面与房间围护结构围成一个封闭空腔，除顶板外，其他各面取平均温度，这样虽然会造成一定的误差，但能够大大简化计算，且精度对于分析顶板换热影响不大，则有：

$$q_r = C_b(T_p^4 - T_r^4)/R_d \qquad (4-25)$$

式中，q_r 为顶板下表面辐射换热量，W/m^2；T_r 为室内各面平均温度，$℃$；R_d 为辐射换热系数，具体计算过程如下。

对于具有均匀供冷的顶棚的封闭房间，当其他表面与顶棚温度不同时，则可用 Hottel 方程来计算顶板表面辐射换热的系数[95]：

$$R_d = \frac{1-\varepsilon_1}{\varepsilon_1} + \frac{1}{X_{1-2}} + \frac{1-\varepsilon_2}{\varepsilon_2}\frac{A_1}{A_2} \qquad (4-26)$$

式中，ε_1 为顶棚的表面黑度；X_{1-2} 为顶板与非供冷表面的辐射换热角系数；ε_2 为非供冷表面的表面黑度；A_1 为顶板下表面的表面积，m^2；A_2 为室内非供冷表面的表面积，m^2。

室内非加热表面的综合温度采用加权平均温度[96]：

$$T_r = \frac{\sum T_q A_2}{\sum A_2} \qquad (4-27)$$

式中，T_q 为室内各非供冷表面的表面温度，K；A_2 为室内各非供冷表面的表面积，m^2。

毛细管换热器下抹灰覆盖层近似认为非反射性表面，其辐射系数取0.9，代入式（4-26），得顶棚表面的辐射换热系数 $R_d = 1.2$，则有：

$$q_r = C_b(T_p^4 - T_r^4)/R_d = 4.73 \times 10^{-8}(T_p^4 - T_r^4) \qquad (4-28)$$

综合式（4-24）和式（4-28）可以得出室内顶板供冷时，毛细管换热器顶板与室内空气及各表面的换热量为：

$$q_z = q_c + q_r = 2.17(T_p - T_a)^{1.31} + 4.73 \times 10^{-8}(T_p^4 - T_r^4) \qquad (4-29)$$

综合换热系数为：

$$h_z = \frac{q_z}{T_p - T_a} = \frac{2.17(T_p - T_a)^{1.31} + 4.73 \times 10^{-8}(T_p^4 - T_r^4)}{T_p - T_a} \qquad (4-30)$$

4.2.3.4　求值条件

A　初始条件

初始时刻 $\tau = 0$ 时，顶板内部温度场均匀一致，与室内空气初始温度相

同，即

$$\tau = 0, \quad T = T_{\mathrm{a}} \tag{4-31}$$

B　边界条件

针对图 4-8 简化模型，

$$x = 0, \quad T = T_{\mathrm{b}} \tag{4-32}$$

$$\left.\frac{\partial T}{\partial x}\right|_{x=0} = 0 \tag{4-33}$$

$$\left.\frac{\partial T}{\partial x}\right|_{x=L} = 0 \tag{4-34}$$

$$\left.\frac{\partial T}{\partial y}\right|_{y=H} = 0 \tag{4-35}$$

$$-\lambda\left.\frac{\partial T}{\partial y}\right|_{y=0} = h(T_{\mathrm{p}} - T_{\mathrm{a}}) \tag{4-36}$$

式 (4-1)、式 (4-21)、式 (4-30) ~ 式 (4-36) 就共同构成了毛细管换热器顶板对室内传热的数学模型。

4.2.4　装饰层与室内空气及壁面的换热

在 4.2.3 节中，装饰层与室内的换热进行了大量的简化，使得装饰冷表面与各室内非供冷表面之间的换热影响因素不能足够的表达，外墙及外窗的换热特殊性也被忽略了，为了研究这些换热影响因素，下面就室内冷表面与各非冷表面的换热影响进行分析，以确定室内温度场、速度场及污染物浓度场的分布情况。

4.2.4.1　室内计算条件的确定

为了计算收敛的速度，取室内计算空气温度为 26℃，相对湿度为 50%，则相对应的含湿量为 10.7g/kg，室内空气焓值为 53.4kJ/kg，露点温度为 14.6℃。

4.2.4.2　室内新风量及送风边界条件的确定

对于毛细管换热器辐射表面主要承担室内的显热负荷，室内的湿负荷则是由独立新风来承担，新风量需要达到室内人员卫生要求及去除湿负荷的双重任务。该办公室室内有两个人，每位工作人员在温度为 26℃，相对湿度 50% 的环境下，产湿量为 109g/h。

根据文献 [90] 的说明，假设送新风温度为 23℃，相对湿度 50%，对应的送风含湿量 8.9g/kg，露点温度 11.9℃。根据湿平衡公式计算所需的新风量为：

$$V = \frac{D}{\rho(d_{\mathrm{n}} - d_{\mathrm{s}})} = \frac{109 \times 2}{1.2 \times (10.7 - 8.9)} = 100.93\,\mathrm{m^3/h} \tag{4-37}$$

为了满足室内工作人员卫生条件的要求，所需要的新风量，根据文献 [97] 的要求，每人需要新风量为 30m³/h，总送风量为 60m³/h。由于新风既要满足室内工作人员的要求又要承担室内的湿负荷，考虑到室内湿度的不确定性，取房间

的新风量为 $100.93 \times 1.2 = 121.12 \text{m}^3/\text{h}$。

房间送风口送风面积取 $0.15 \text{m}^2 (1 \text{m} \times 0.15 \text{m})$，则送风风速为 0.23m/s。

4.2.4.3　围护结构边界条件的确定

外墙传热系数为 $1.27 \text{W}/(\text{m}^2 \cdot \text{K})$，面积为 12.15m^2，外墙内表面温度随室外温度变化而变化，具体计算方法参见文献 [100]。

外窗传热系数为 $4 \text{W}/(\text{m}^2 \cdot \text{K})$，面积为 $5.4 \text{m}^2 (3 \text{m} \times 1.8 \text{m})$。玻璃外窗为南向，根据文献 [86] 取太阳辐射量为 $59.05 \text{W}/\text{m}^2$。

4.2.4.4　室外计算参数的设定

建筑围护结构传入室内的热量，与室外空气温度、太阳辐射强度、风速等有关。另外，为了满足室内工作人员舒适度和房间湿负荷的要求，空调房间需送入一定量的新鲜空气，加热或冷却这部分新鲜空气所需要热量或冷量，都与室外空气计算干、湿球温度有关。室内外空气的干、湿球温度不仅随季节变化，即使在同一季节的每昼夜，每一不同时刻，室外空气的温湿度也都在变化。

济南市一年内气温变化曲线如图 4-9 所示。济南市夏季室外计算干球温度为 $34.7 ℃$，湿球温度为 $26.8 ℃$，平均风速为 2.8m/s。

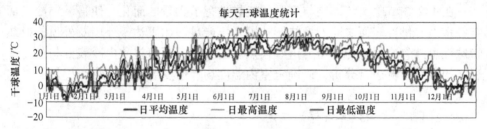

图 4-9　济南市一年气温变化曲线

4.3　数学模型的求解

4.3.1　毛细管换热器与装饰层换热求解

4.3.1.1　有限差分法方程

离散的过程，实际就是将积分变差分的过程。差分的常用方法有多项式拟合法、泰勒级数展开法、控制容积平衡法和控制容积积分法。前两种方法偏重于从数学角度进行推导，把控制方程中的导数项用相应的差分式来代替；而控制容积平衡法和控制容积积分法则着眼于物理观点的分析，推导过程物理概念清晰，离散方程的系数具有一定的物理意义，满足离散方程的守恒特性。有限差分法中的控制容积积分法求解，其基本原理是把计算区域分成许多互不重叠的控制容积，使每一个网格节点都由一个控制容积包围，表示网格节点之间通用变量变化的分布关系对每一个控制容积进行积分，针对通用微分方程中每一项，采用相应的差分格式，得到一个包含有一组网格节点通用变量的离散化方程。

采用微分方程求解的方法要求温度场在节点处的函数值和一阶、二阶导数必须是连续的，而差分方程对此没有特殊要求，因此，在处理位于边界条件上如：复合介质的结合面、有接触热阻处等温度分布不光滑、不连续的节点时，差分方程更为灵活方便[98,99]。

对于二维导热问题，沿 x 方向和沿 y 方向分别取微尺寸 Δx 和 Δy，用一系列与坐标轴平行的网格线，把求解区域分隔成小的微单元，称为子区域，如图 4-10 所示。网格线的交点称为节点，各节点的位置用 $p(i,j)$ 表示，i 为沿 x 方向节点的顺序号，j 为沿 y 方向节点的顺序号。相邻两节点的距离，即 Δx 或 Δy 称为步长。在图 4-10 中网格沿 x 和 y 方向取等步长时，称为均匀网格。网格线与物体边界的交点称为边界节点。

每个节点可以代表以它为中心的微小区域，如图 4-11 所示，这个小区域称为微元体。节点的温度就近似代表它所在的微元体的温度。用这种方法得到的温度场只是各个节点的温度值，在空间是不连续的。其中 i 取 $1\sim n$，j 取 $1\sim m$，且步长相等。

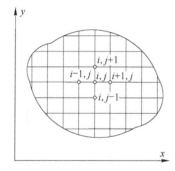

图 4-10 网格划分示意图

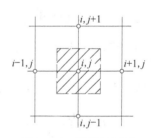

图 4-11 微元体区域

离散方程的建立，根据热平衡原理可以得出如下节点方程式[100]：

（1）$i=2\sim(n-1)$，$j=1$ 的情况。

$$t_{i,1} = \frac{t_{i-1,1} + 2t_{i,2} + t_{i+1,1} + 2h\dfrac{\Delta x}{\lambda}t_a}{4 + 2\dfrac{h}{\lambda}\Delta x} \qquad (4-38)$$

（2）$i=n$，$j=1$ 的情况。

$$t_{n,1} = \frac{t_{n-1,1} + t_{n,2} + \dfrac{h\Delta x}{\lambda}t_a}{2 + \dfrac{h\Delta x}{\lambda}} \qquad (4-39)$$

（3）$i=2\sim(n-1)$，$j=2\sim(m-1)$ 的情况。

$$t_{i,j} = \frac{1}{4}(t_{i-1,j} + t_{i+1,j} + t_{i,j-1} + t_{i,j+1}) \tag{4-40}$$

（4）$i=n$，$j=2 \sim (m-1)$ 的情况。

$$t_{n,j} = \frac{1}{4}(2t_{n-1,j} + t_{n,j-1} + t_{n,j+1}) \tag{4-41}$$

（5）$i=2 \sim (n-1)$，$j=m$ 的情况。

$$t_{i,m} = \frac{1}{4}(t_{i-1,m} + t_{i+1,m} + 2t_{i,m-1}) \tag{4-42}$$

（6）$i=1$，$j=2 \sim (m-1)$ 的情况。

$$t_{1,j} = \frac{1}{4}(t_{1,j-1} + t_{1,j+1} + 2t_{2,j}) \tag{4-43}$$

（7）$i=n$，$j=m$ 的情况。

$$t_{n,m} = \frac{1}{2}(t_{n-1,m} + t_{n,m-1}) \tag{4-44}$$

（8）$i=1$，$j=1$ 的情况。

$$t_{n,1} = \frac{t_{2,1} + t_{1,2} + \dfrac{h\Delta x}{\lambda}t_{\mathrm{a}}}{2 + \dfrac{h\Delta x}{\lambda}} \tag{4-45}$$

4.3.1.2　传热量的计算

在顶板下表面热交换量为 $Q_1 = \int_0^L h(t - t_{\mathrm{a}})\mathrm{d}x$。

$$Q_1 = h(t_{1,1} - t_{\mathrm{a}})\frac{\Delta x}{2} + \sum_{i=2}^{n-1} h(t_{i,1} - t_{\mathrm{a}})\Delta x + h(t_{n,1} - t_{\mathrm{a}})\frac{\Delta x}{2}$$

$$= h\Delta x\left[\frac{t_{1,1} + t_{n,1}}{2} + \sum_{i=2}^{n-1} t_{i,1} - (n-1)t_{\mathrm{a}}\right] \tag{4-46}$$

导入的热量计算为 $Q_2 = \int_0^H -\lambda \dfrac{\partial t}{\partial x}\Big|_{x=0} \mathrm{d}y$，对于 $\Delta x = \Delta y$ 有：

$$Q_2 = \lambda \frac{t_{1,1} - t_{2,1}}{\Delta x}\frac{\Delta y}{2}\cdot 1 + \sum_{j=2}^{m-1} \lambda \frac{t_{1,j} - t_{2,j}}{\Delta x}\cdot \Delta y \cdot 1 + \lambda \frac{t_{1,m} - t_{2,m}}{\Delta x}\cdot \frac{\Delta y}{2}\cdot 1$$

$$= \lambda \frac{t_{1,1} - t_{2,1}}{\Delta x}\frac{\Delta y}{2} + \sum_{j=2}^{m-1} \lambda \frac{t_{1,j} - t_{2,j}}{\Delta x}\Delta y + \lambda \frac{t_{1,m} - t_{2,m}}{\Delta x}\frac{\Delta y}{2}$$

$$= \lambda \left[\frac{t_{1,1} - t_{2,1}}{2} + \sum_{j=2}^{m-1}(t_{1,j} - t_{2,j}) + \frac{t_{1,m} - t_{2,m}}{2}\right] \tag{4-47}$$

4.3.1.3　毛细管换热器与装饰层换热求解

对式（4-1）、式（4-21）、式（4-30）~式（4-36）所描述的数学模型，采用节点方程式（4-38）~式（4-47）进行离散，采用 MATLAB 计算程序进行编程求解。给出传热单元体各节点温度赋值，计算出 t_{p} 和 t_{r}，在各种边界条件下，计算出各节点温度，利用新算出的传热单元各节点温度值，求出 t_p，反复迭代求取各节点温度，绘出等温线，并描绘温度场，进而求取毛细管顶板的供冷量 Q。具体计算结构设计框图及编程见附录1。

4.3.2 室内温度场、速度场及浓度场的求解

4.3.2.1 方程的离散

成功计算的经验表明，采用控制容积积分法对室内控制方程进行离散更加快速，且具有更高的计算精度，一阶格式便可以达到较高的精度要求，微分方程中的扩散项，采用中心差分格式，对流项采用迎风格式或乘方格式，各种对流格式的特征系数见表4-3。

表4-3 迎风格式或乘方格式的特征函数 $A(|P_\Delta|)$

格式	迎风差分	乘方差分
特征函数 $A(|P_\Delta|)$	1	$\max[0, (1 - 0.5|P_\Delta^5|)]$

在三维直角坐标下，室内气流运动的三维稳态对流扩散通用方程式为：

$$\frac{\partial}{\partial \tau}(\rho\varphi) + \frac{\partial(\rho v_i \varphi)}{\partial x_i} = \frac{\partial}{\partial x_i}\left(\Gamma \frac{\partial \varphi}{\partial x_i}\right) + S \qquad (4-48)$$

式中，i 取 1，2，3；通用方程中的源项呈线性化，表达式为 $S = S_c + S_p \varphi_p (S_p \leqslant 0)$。最后，离散方程具有如下形式：

$$a_p \varphi_p = \sum a_{nb} \varphi_{nb} + S_c \qquad (4-49)$$

4.3.2.2 网格的划分

毛细管平面辐射空调平面与室内物体间的换热以辐射换热为主，室内物体表面附近温度变化较为明显，因此网格划分要使室内物体附近的网格更加密集，这样才能够更加精确地反映该处的温度变化，同时还能够提高求解的收敛性，网格数目约为14万个。

4.4 毛细管换热器平面空调系统理论分析

通过对毛细管平面辐射空调系统向室内换热的分析，影响毛细管换热器向室内传热的因素很多。但是毛细管换热器和装饰层之间的传热主要是受毛细管内热介质的温度、流量，毛细管间距、管径，装饰层的材料、厚度等因素的影响。装饰层与室内的换热形成对室内温度场、速度场以及污染物浓度场变化的影响，具体影响因素繁杂，这从控制方程及边界条件中可以看到。本节就以上两个换热过程进行数值求解，并就结果进行分析。

4.4.1 毛细管换热器与装饰层换热的数值分析

毛细管换热器与装饰层的换热量调节可以通过改变供回水温差与流量来实

现。热介质在管内流动，就会发生与壁面的热交换，在壁面法线方向上的温度分布，形成温度梯度。在靠近管壁处，热介质温度发生显著变化的区域称为热边界层。热边界层厚度与流动边界层厚度密切相关，热介质流速增大，流动边界层的厚度就会减小，热边界层厚度也减小，从而减小流体与管壁的热阻，增强换热。即换热量随着流量的增大而增大。当热介质处于层流状态时，流量对换热量的影响非常明显，而当流量达到一定程度进入过渡流区，流量的增大对换热影响相对变小，在湍流区影响则变得更小。

下面着重就供回水温度和毛细管管间距对毛细管换热器所形成的温度场和单位面积传热量进行计算分析。以前述物理模型为例，取夏季空调室外计算干球温度为 $T_{oa} = 34.7℃$，室内干球温度为 26℃，毛细管换热器顶板面积为单位面积（$1m^2$），毛细管内管径为 4mm，毛细管壁厚为 0.5mm，毛细管内水流速度取 0.1m/s，装饰层厚度取 10mm，材料为水泥砂浆，导热系数取 0.8W/（m·℃）。

4.4.1.1 毛细管换热器材料的选择

毛细管换热器材料一般选取塑料，而常用的塑料为耐热聚乙烯（PE – RT）塑料稳态复合管、无规共聚聚丙烯（PP – R）塑铝稳态复合管、聚丁烯（PB）树脂塑料管。这 3 种管道都无需交联，均具有较好的可焊性，均可以采用热熔连接，长期适用耐压强度 0.8MPa 以上，均可以长期输送温度不高于 80℃ 的热水，对于毛细管换热器内水温不会超过 65℃，且均具有可回收再利用性能，具体的技术经济性能见表 4 – 4。

表 4 – 4   塑料材料的技术经济性能比较

管材	PE – RT	PP – R	PB
密度/kg·m⁻³	933	909	937
导热系数/W·(m·℃)⁻¹	0.4	0.24	0.22
热膨胀系数/K⁻¹	0.195	0.18	0.13
工作温度范围/℃	– 70 ~ 95	– 15 ~ 80	– 30 ~ 100
渗氧率	较小	较大	较小
设计压力/MPa	0.97	0.8	1.0
价格比	1	1.05	2.17

综合各方面的性能，PP – R 塑料管能够更好地适应于毛细管换热器的制作，具有更小的密度，对于顶棚、墙面敷设具有更轻的贴附质量。

4.4.1.2 夏季空调顶板温度场的模拟分析

通过对毛细管换热器与装饰层传热的数学物理分析及编程计算，对于夏季供回水温度分别为 16/18℃、18/20℃ 时，毛细管换热器的管间距为 10mm 的顶板温度场，如图 4 – 12 和图 4 – 13 所示。

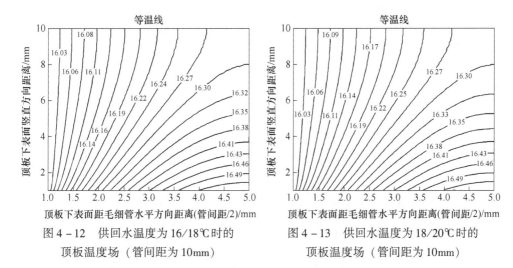

图 4 – 12　供回水温度为 16/18℃时的　　　图 4 – 13　供回水温度为 18/20℃时的
　　　　　顶板温度场（管间距为 10mm）　　　　　　　顶板温度场（管间距为 10mm）

　　夏季供回水温度分别为 16/20℃、18/22℃时，毛细管换热器的管间距为 10mm 的顶板温度场，如图 4 – 14 和图 4 – 15 所示。

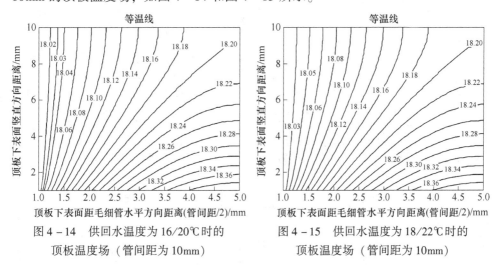

图 4 – 14　供回水温度为 16/20℃时的　　　图 4 – 15　供回水温度为 18/22℃时的
　　　　　顶板温度场（管间距为 10mm）　　　　　　　顶板温度场（管间距为 10mm）

　　夏季供回水温度分别为 16/18℃、18/20℃时，毛细管换热器的管间距为 12.5mm 的顶板温度场，如图 4 – 16 和图 4 – 17 所示。

　　夏季供回水温度分别为 16/20℃、18/22℃时，毛细管换热器的管间距为 12.5mm 的顶板温度场，如图 4 – 18 和图 4 – 19 所示。

　　夏季供回水温度分别为 16/18℃、18/20℃时，毛细管换热器的管间距为 15mm 的顶板温度场，如图 4 – 20 和图 4 – 21 所示。

　　夏季供回水温度分别为 16/20℃、18/22℃时，毛细管换热器的管间距为 15mm 的顶板温度场，如图 4 – 22 和图 4 – 23 所示。

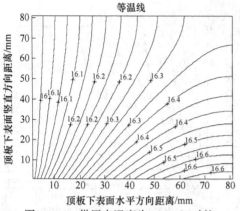

图4-16　供回水温度为16/18℃时的
顶板温度场（管间距为12.5mm）

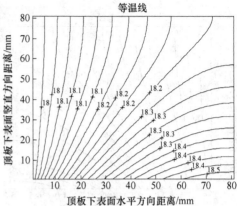

图4-17　供回水温度为18/20℃时的
顶板温度场（管间距为12.5mm）

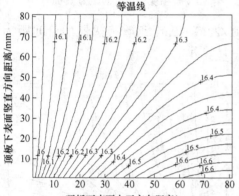

图4-18　供回水温度为16/20℃时的
顶板温度场（管间距为12.5mm）

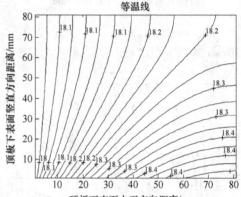

图4-19　供回水温度为18/22℃时的
顶板温度场（管间距为12.5mm）

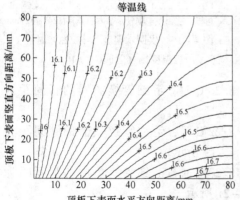

图4-20　供回水温度为16/18℃时的
顶板温度场（管间距为15mm）

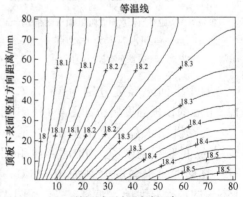

图4-21　供回水温度为18/20℃时的
顶板温度场（管间距为15mm）

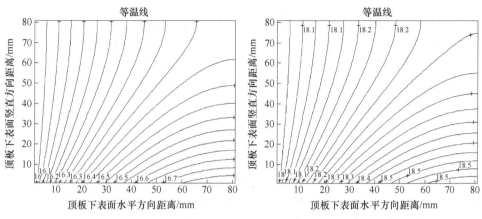

图4-22 供回水温度为16/20℃时的
顶板温度场（管间距为15mm）

图4-23 供回水温度为18/22℃时的
顶板温度场（管间距为15mm）

A 夏季空调毛细管换热器供回水温差对顶板温度场的影响

以毛细管换热器管间距10mm的图4-12~图4-15为例来分析供回水温度的影响，从图中可以看出，沿水平方向随着距毛细管管中心距离的增加，温度是逐渐升高的；从顶板的竖直方向上看，越接近顶棚下表面时温度梯度越大，且其下表面温度场的分布较为均匀，温度梯度在1℃左右。

当毛细管换热器内供回水温度不同，但当供回水温差相同时，从图4-12、图4-13和图4-14、图4-15两种情况可以看出当供回水温差相同时，温度场的分布规律是近似的。对于供回水温度较高者与供回水温度较低者相比，同一位置处温度值较大，且距毛细管管中心距离越远，这种趋势越明显。供回水温差较大时，供水温度相同，回水温度较高时，即温差较大，温度场变化并不明显，温度梯度无明显变化，这是由于在编程计算时采用的是稳态计算法造成的。绘制顶板下表面的温度分布曲线图，如图4-24和图4-25所示。

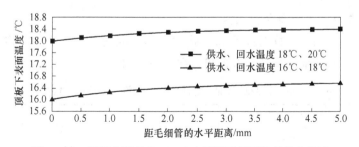

图4-24 供回水温差为2℃时，顶板下表面温度分布曲线

由图4-24和图4-25可以看出，供水温度的降低明显降低了顶板下表面的温度，这虽然增加了换热量，但是顶板表面温度过低会增加表面结露的可能性，

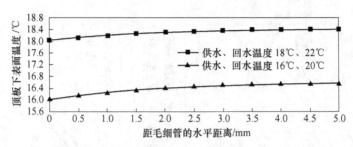

图 4 – 25　供回水温差为 4℃时，顶板下表面温度分布曲线

因此供水温度不宜过低，研究表明以不低于 16℃为宜。随着距毛细管管壁距离的变大，顶板表面温度逐渐升高。最大温差在 0.2 ~ 0.4℃，这个温度差值对整个顶板和室内空气的传热影响很小，可以认为顶板的温度场是均匀的。事实上，如果采用 C 型毛细管换热器，当温差为 4℃时，就可以将整个毛细管换热器分为 16/18℃和 18/20℃两个部分，很显然，其表面温度的分析也就可以分别按照以上两个情况进行分析，温差增大单位热介质所携带的能量就大，但是顶板的散热效果也就相应变差，因此供回水温度的选择既要考虑顶板的传热效果，又要考虑输送的经济性，经过综合分析，夏季供冷时，以供回水温度差值取 3 ~ 5℃较为合适。

　　B　夏季空调毛细管管间距对顶板温度场的影响

　　对管间距为 10mm、12.5mm 和 15mm，毛细管换热器供回水温度分别为 16/18℃、18/20℃、16/20℃、18/22℃时的毛细管顶板的温度场分布图（见图 4 – 12 ~ 图 4 – 23）进行比较可以看出，具有相同供回水温度和温差，当管间距不同时，管间距较小者，沿水平方向温度梯度较小，顶棚表面温度均匀性好。从散热量和顶板传热效果来看，建议使用管间距较小的毛细管网，但是当管间距为 10mm时，温度场的水平温度差值最大也只有 0.2℃，温度基本趋于均匀，因此过小的管间距不仅浪费管材，且传热效果没有更大的提高，通过分析比对，管间距以 12.5mm 为最佳间距。

　　C　夏季空调顶板单位面积换热量

　　通过计算，对于不同管间距和不同的供回水温度下，室内温度取 26℃时单位面积毛细管换热器的换热量及换热特性见表 4 – 5。

表 4 – 5　不同供回水温度和管间距对毛细管顶板传热性能的影响

管间距 \ 热介质平均温度		17℃	18℃	19℃	20℃
顶板表面最大温差 /℃	10mm	0.537	0.464	0.393	0.321
	12.5mm	0.636	0.553	0.471	0.389
	15mm	0.735	0.641	0.549	0.457

管间距 ＼ 热介质平均温度		17℃	18℃	19℃	20℃
对流热流密度 /W·m⁻²	10mm	52. 62	44. 33	36. 31	28. 60
	12. 5mm	50. 62	42. 80	36. 28	27. 97
	15mm	48. 61	41. 28	36. 24	27. 33
辐射热流密度 /W·m⁻²	10mm	58. 26	50. 92	43. 43	35. 78
	12. 5mm	56. 24	49. 33	41. 26	35. 11
	15mm	54. 21	47. 75	39. 09	34. 43
对流换热比重 /%	10mm	47. 45	46. 54	45. 54	44. 42
	12. 5mm	47. 36	46. 45	46. 91	44. 33
	15mm	47. 26	46. 36	48. 27	44. 25
辐射换热比重 /%	10mm	52. 55	53. 46	54. 46	55. 58
	12. 5mm	52. 65	53. 55	53. 10	55. 66
	15mm	52. 74	53. 65	51. 73	55. 75
单位面积换热量 /W·m⁻²	10mm	110. 88	95. 25	79. 74	64. 38
	12. 5mm	106. 86	92. 14	77. 54	63. 07
	15mm	102. 82	89. 02	75. 33	61. 77

从表 4 – 5 中可以看出，不同的管间距和不同的供回水温度都对换热量产生较大影响。当毛细管换热器内平均水温达到 20℃时，其单位面积的换热量只有 60W 左右，对于夏季空调房间来讲，负荷明显偏低，这就需要增加更大毛细管换热器敷设面积，造成更大初投资，还有可能没有办法达到室内空调设计温度，因此供回水平均温度宜取不高于 19℃。

4.4.1.3　冬季空调顶板温度场的模拟分析

对于冬季供回水温度分别为 30/28℃、32/30℃时，毛细管换热器的管间距为 10mm 的顶板温度场，如图 4 – 26 和图 4 – 27 所示。

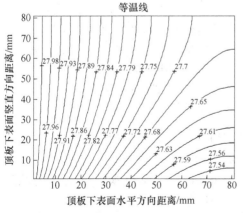

图 4 – 26　供回水温度为 30/28℃时的
顶板温度场（管间距为 10mm）

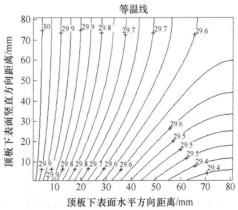

图 4 – 27　供回水温度为 32/30℃时的
顶板温度场（管间距为 10mm）

冬季供回水温度分别为 32/28℃、34/30℃时，毛细管换热器的管间距为 10mm 的顶板温度场，如图 4-28 和图 4-29 所示。

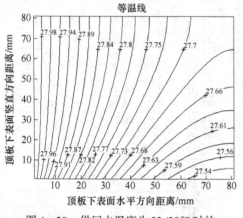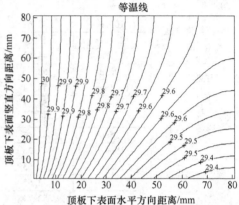

图 4-28 供回水温度为 32/28℃时的
顶板温度场（管间距为 10mm）

图 4-29 供回水温度为 34/30℃时的
顶板温度场（管间距为 10mm）

冬季供回水温度分别为 30/28℃、32/30℃时，毛细管换热器的管间距为 12.5mm 的顶板温度场，如图 4-30 和图 4-31 所示。

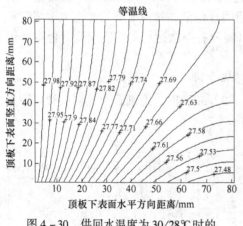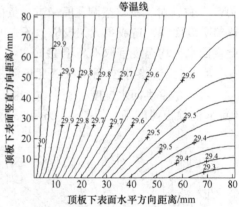

图 4-30 供回水温度为 30/28℃时的
顶板温度场（管间距为 12.5mm）

图 4-31 供回水温度为 32/30℃时的
顶板温度场（管间距为 12.5mm）

冬季供回水温度分别为 32/28℃、34/30℃时，毛细管换热器的管间距为 12.5mm 的顶板温度场，如图 4-32 和图 4-33 所示。

冬季供回水温度分别为 30/28℃、32/30℃时，毛细管换热器的管间距为 15mm 的顶板温度场，如图 4-34 和图 4-35 所示。

冬季供回水温度分别为 32/28℃、34/30℃时，毛细管换热器的管间距为 15mm 的顶板温度场，如图 4-36 和图 4-37 所示。

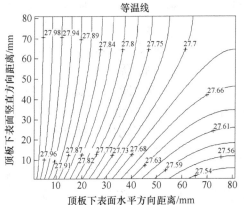

图 4-32 供回水温度为 32/28℃时的
顶板温度场（管间距为 12.5mm）

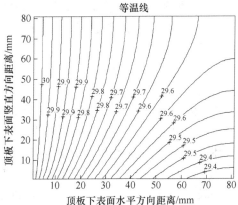

图 4-33 供回水温度为 34/30℃时的
顶板温度场（管间距为 12.5mm）

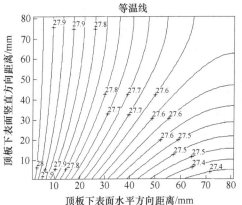

图 4-34 供回水温度为 30/28℃时的
顶板温度场（管间距为 15mm）

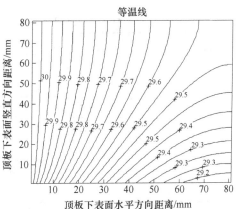

图 4-35 供回水温度为 32/30℃时的
顶板温度场（管间距为 15mm）

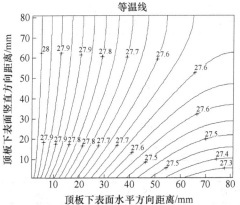

图 4-36 供回水温度为 32/28℃时的
顶板温度场（管间距为 15mm）

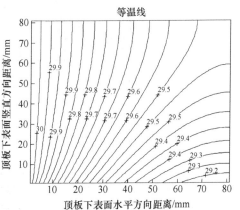

图 4-37 供回水温度为 34/30℃时的
顶板温度场（管间距为 15mm）

　　低温地板辐射供暖技术在我国已经得到了广泛的应用，实践表明辐射供暖技术提高了室内冬季的舒适度，节约能源。从图 4 - 26 和图 4 - 27 中可以看出，在装饰层表面水平温差为 0.4 ~ 0.8℃，在装饰层中垂直温差在 100mm 的厚度上最大有 0.3℃。考虑毛细管换热器平面空调系统存在独立新风系统，冬季可以向室内加湿，这样就大大提高了室内的舒适性。在冬季采用毛细管换热器平面空调系统向室内供暖比地板低温辐射供暖具有更高的经济性和舒适性。

　　从理论上讲，毛细管换热器供水温度越高，单位面积的供热量就越大，需要铺设的毛细管换热器面积就可以减少，考虑到和夏季的平衡，同时考虑人体所承受的烘烤感，经过实验验证和分析，装饰层表面的温度以低于 35℃ 供热效果较好，按照图 4 - 26 ~ 图 4 - 37 计算的结果，供水温度以 28 ~ 35℃ 为合适。

　　按照不同的管间距和供回水平均温度计算的单位面积供热量见表 4 - 6。

表 4 - 6　冬季供暖毛细管换热器单位面积换热量　　　　（W/m²）

平均水温/℃	室内空气温度/℃	毛细管换热器管间距/mm		
		10	12.5	15
27	18	93.258	86.80	80.343
	20	75.618	69.54	63.468
	22	60.948	54.80	48.654
28	18	107.46	99.93	92.403
	20	93.06	84.89	76.725
	22	74.34	67.15	59.967
29	18	121.77	113.20	104.625
	20	106.38	99.05	91.71
	22	88.083	79.81	71.532
30	18	136.404	126.70	117
	20	121.95	112.86	103.77
	22	101.97	92.64	83.313
31	18	151.02	140.27	129.51
	20	134.28	123.71	113.13
	22	116.118	105.71	95.31
32	18	165.96	154.08	142.2
	20	148.9	137.00	125.1
	22	130.41	118.94	107.46

　　考虑到热水携带能量的能力，供回水温差取值不宜过小，否则需要加大热介

质的流量，这样势必增加输送能耗。也不宜取回水温度过低，这样会造成换热效率降低，经过换热及经济计算比较，以取供回水温差为 3～6℃ 较为合适。工程上可以按照供回水温度分别为 30/26℃、32/26℃、34/28℃ 进行设计。

4.4.2 装饰层与室内换热的数值模拟

根据第 3 章所设定的边界条件及计算参数，对毛细管换热器平面空调房间进行 CFD 计算分析。在毛细管换热器平面空调房间内，通过工作人员、电脑的截面为 $X = 1.6m$；通过送风口、回风口的截面为 $Z = -2m$，房间的中心截面恰好在 $Z = -2m$。对 $X = 1.6m$、$Z = -2m$ 的截面和 Y 轴截面在不同高度上的温度场、速度场、CO_2 浓度场进行截图分析。

4.4.2.1 夏季工况的计算与分析

当送风口设在地板上，且取送风方式为上送风时，对毛细管换热器平面空调房间进行 CFD 模拟。

A 夏季温度场的计算与分析

图 4 - 38 所示为通过人员、电脑 $X = 1.6m$，图 4 - 39 所示为通过送风口、排风口 $Z = -2m$ 温度场截图。图 4 - 40 所示为垂直高度 $Y = 0.1m$（脚踝所在高度）处，图 4 - 41 所示为垂直高度 $Y = 1.1m$（工作人员坐态时，头部所在高度）处水平面上的温度场截图。

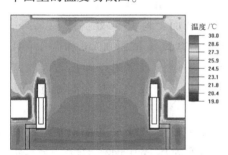

图 4 - 38 $X = 1.6m$ 截面上的温度分布图

图 4 - 39 $Z = -2m$ 截面上的温度分布图

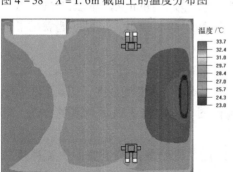

图 4 - 40 $Y = 0.1m$ 截面上的温度分布图

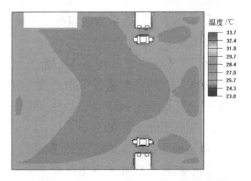

图 4 - 41 $Y = 1.1m$ 截面上的温度分布图

由图 4 - 38 和图 4 - 39 可以看出，室内温度场存在明显的分层现象，房间上部区域温度明显偏高，且稳定，变化较小；房间下部区域温度变化大，有一个较大的垂直温度梯度。这主要是因为新风进入房间后，途经工作人员和电脑等热源，由于自然对流的作用，形成向上的热烟羽，随着气流逐渐上升，温度也逐渐升高。毛细管换热器平面空调系统通过低温辐射和自然对流来抵消由外墙和外窗以及室内工作人员和电脑所产生的热量，通过对流、辐射换热冷却房间上层区域的空气，降低了室内的温度梯度。因此毛细管换热器的存在，提高了室内工作人员的舒适性，同时也减轻了置换通风引起的垂直温度差。从图 4 - 38 ~ 图 4 - 41 可以看出，在送风口及热源附近，垂直温度梯度仍然较大，只要远离这两个区域，房间内绝大部分区域的垂直温度梯度都很小。

由图 4 - 38 可以看出，由于太阳辐射及室外温度对外墙、外窗以及气流的运动方向的影响，房间靠近外墙侧温度高于其他墙体。

由图 4 - 40 可以看出，新风以低温低速进入室内后，在重力作用下沉降在送风口附近，形成一层冷空气层。越靠近送风口，冷空气层的厚度越大，远离送风口处，冷空气层厚度迅速降低。冷空气沿着地面向室内扩散开来，途中吸收室内的热量，温度逐渐升高。在高度 0.1m 的水平面上除送风口处温度较低外，大部分区域温度保持在 25.3 ~ 26.4℃ 之间。

由图 4 - 41 可以看出，在 1.1m 高度的水平面上除热源处温度较高外，温度基本上都在 25.5 ~ 27.0℃ 之间。对比图 4 - 40 高于地面 0.1m 和图 4 - 41 高于地面 1.1m 可以得出其温度梯度为 1.7℃。新风进入室内逐渐扩散吸收室内空气的热量并向上流动，经过 1.1m 处的热源后，形成的上升气流温度有所提升。

从以上截图可以看出，地面上 0.1m 和 1.1m 之间的最大垂直温度差约为 1.7℃，从地面到房顶的垂直温差为 2℃；垂直高度为 0.1m 的水平面上的最大水平温差约为 1.1℃（不包括送风口处）；垂直高度为 1.1m 的水平面上的最大水平温差约为 1.5℃，垂直方向和水平方向的温度梯度都非常小，这很好地满足了舒适性的要求。

B　夏季速度场的计算与分析

图 4 - 42 所示为通过工作人员、电脑 $X = 1.6m$ 的速度场截图，图 4 - 43 所示为通过送风口、排风口 $Z = -2m$ 的速度场截图。图中箭头表示速度的方向，箭头的长短则表示速度的大小。

从速度场截图 4 - 42 可以看出，工作人员及电脑等热源上方的气流速度较大，随着高度的增加速度也逐渐变大，室内的主导气流是热源上方，自然对流所产生的热烟羽，在贴近内墙壁处为下降气流。

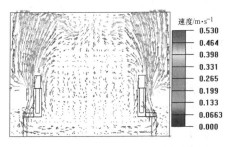

图 4 - 42　X = 1.6m 截面上的速度分布图

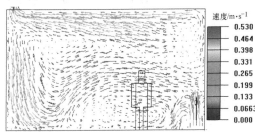

图 4 - 43　Z = - 2m 截面上的速度分布图

新风在进入房间后，温度较低，其密度大于室内气流密度，故下沉在地面附近扩散，形成一个速度相对较大且较薄的贴附层，在扩散过程中吸收室内空气的热量，并逐渐上升，经过热源后，由于温差和浮升力的作用，产生向上的对流烟羽，途中又不断卷吸周围的空气，从而形成更高流速的向上气流，在达到顶棚后，一部分空气从回风口排出，将途中卷吸的污染物和热量排出室外。还有一部分空气在毛细管换热器低温辐射和对流的作用下被冷却，沿内墙壁向下流动，形成涡流。

由于毛细管换热器平面空调系统的辐射作用，使得房间内墙表面温度要低于室内空气温度，靠近墙壁的空气被冷却，形成下降气流，到达房间底部与新风混合。

在垂直高度 0.1m 和 1.1m 的高度上，其水平速度场的截图如图 4 - 44 和图 4 - 45 所示。

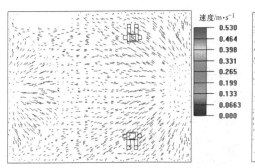

图 4 - 44　Y = 0.1m 截面上的速度分布图

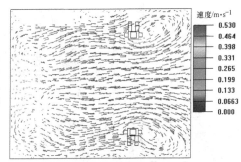

图 4 - 45　Y = 1.1m 截面上的速度分布图

由图 4 - 44 可以看出，其速度较小，主要来自自然对流所产生的流动，只有在工作人员或电脑等热源处才有明显的增加，气流发生偏移。在此断面上的气流速度大约为 0.08m/s。由图 4 - 45 可以看出，室内热源及经由外墙、外窗传入的热量，使外墙、外窗处的空气产生自然浮升力，使气流得到较大的能量，速度有了明显的提升，气流速度达到约 0.14m/s，即形成在工作人员及电脑上方，在外墙、外窗处的流速较其他位置略高，但是除了热源处，其他位置的气流速度都低于 0.2m/s。当室内风速低于 0.2m/s 时，无论风向如何都不会有吹风感。而室内是以上升气流为主导，能很好地保持室内工作人员活动区域空气的新鲜度。

C 夏季 CO_2 浓度场的计算与分析

室内的污染物按其来源可分为 3 类。一是化学污染物，如苯及其衍生物、甲醛、氨等；二是物理污染物，如粉尘、放射性气体氡等；三是生物污染物，如人或藻类植物所产生的 CO_2。由速度场模拟结果看到，地面及房间较低部分的速度很小（小于 0.1m/s），房间的粉尘被空气卷吸的数量较少，对室内空气的质量影响不会很大。室内的化学污染物主要是新建房屋可能会较高，且大多为人为因素造成的，在此不作过多的分析。CO_2 气体无色无味，无处不在，极不容易被人察觉，室内 CO_2 浓度超标，会导致人们头晕、乏力，严重影响人们的工作效率。因此 CO_2 是室内一种重要的污染物，是评价室内空气卫生质量的一项重要指标，本研究主要就室内 CO_2 浓度及其变化进行分析。

在模拟过程中，新风中 CO_2 浓度取标准值 0.03%，将人体模型顶部设为 CO_2 进口，成年工作人员 CO_2 的散发量取为 33g/(h·人)。

通过送风口、排风口 $Z = -2m$ 截面上的 CO_2 浓度分布如图 4-46 所示。垂直高度为 $Y = 1.1m$ 和 $Y = 1.75m$ 水平面上的 CO_2 浓度分布如图 4-47 和图 4-48 所示。

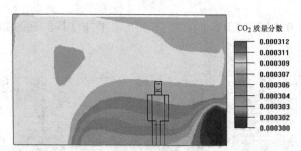

图 4-46 $Z = -2m$ 截面上的 CO_2 浓度分布图

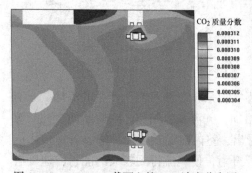 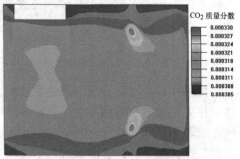

图 4-47 $Y = 1.1m$ 截面上的 CO_2 浓度分布图   图 4-48 $Y = 1.75m$ 截面上的 CO_2 浓度分布图

由图 4-47 看出，新风口处 CO_2 浓度最低，在 1.1m 以下的区域，随着高度的增加，其浓度逐渐增加，并呈现出明显的分层现象。而在工作人员头部以上，即 1.1m 以上，CO_2 浓度迅速增加直至排风口，很显然，新风口的位置及合适风量是影响室内 CO_2 浓度极为关键的因素。

从图 4-47 和图 4-48 可以看出，CO_2 浓度的分布基本呈层状分布，在污染源（人的头部）以下，CO_2 浓度基本保持新风中 CO_2 的浓度，在污染源以上，CO_2 浓度逐渐增加。由于污染源位于热源的正上方，在自然对流及扩散效应的综合作用下，在污染源附近靠上方的 CO_2 浓度较高。

4.4.2.2 夏季工况下送风口位置对温度场、速度场及 CO_2 浓度的影响

对于新风送风口位置发生变化时，室内气流及温度等会明显的变化，下面就随新风送风口位置变化进行截图分析，进而对室内热环境，特别是对室内污染物的分布进行研究。

A 送风口位置及送风方向对温度场的影响

图 4-49~图 4-52 所示为送风口位置分别在地面上、地面侧、距地面 0.6m 侧、距地面 3.0m 侧时室内 $X = 1.6m$ 截面上的温度分布截图。

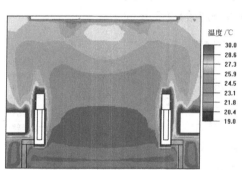

图 4-49 送风口在地面上时温度场截图

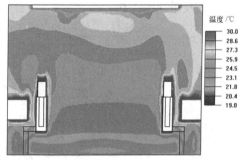

图 4-50 送风口在地面侧时温度场截图

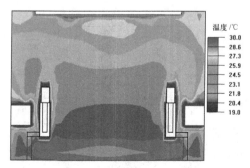

图 4-51 送风口距地面 0.6m 侧时温度场截图

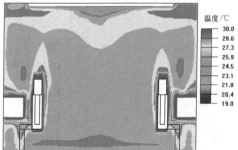

图 4-52 送风口距地面 3.0m 侧时温度场截图

从图中可以看出，除了送风口设在距地面 3.0m 侧送风时，其他 3 种送风方

式下的室内的空气温度在垂直方向存在明显的分层，下部区域温度较低，上部区域温度较高，在位于垂直高度 0.1m 和 1.1m 间的垂直温差约为 1.7℃。热源（人员和电脑）附近的温度梯度较大。

图 4-52 所示为新风送风口设置在距地 3.0m（送风口在屋顶时），且采用侧送风的温度分布图。与其他新风口布置及送风方式比较，可以看出距地 3.0m 布置新风口侧的送风方式，使室内的温度梯度较小，除了外墙、外窗受太阳辐射的影响温度较高以外，室内温度没有出现明显的分层现象，且室内大部分区域温度在 26.5℃ 左右，位于垂直高度 0.1m 和 1.1m 范围内的垂直温差只有 0.6℃。

可以得出，送风口位置设在距地 3.0m（屋顶），且采用侧送风时，室内垂直方向的温度分布没有出现明显的分层现象，工作区区域温度梯度较小，这种送风方式更能满足人体热舒适性。而送风口位置在下部时（在地面上、距地面 0.6m），室内温度出现明显的分层现象，下部温度较低，上部温度较高。因此，在夏季新风口位置宜设置在房间上部，最好采用侧送风的形式，采用毛细管换热器的空调房间不出现温度分层现象，垂直温度梯度较小，能较好地满足舒适性的要求。

B　送风口位置及送风方向对速度场的影响

图 4-53~图 4-56 所示为送风口位置分别设置在地面上、地面侧、距地面 0.6m 侧及距地面 3.0m 侧时室内 $X=1.6m$ 截面上的速度分布。

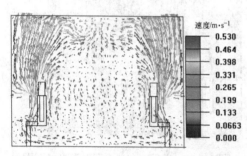

图 4-53　送风口在地面上时速度场截图

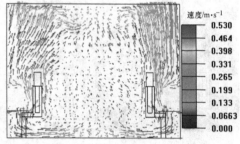

图 4-54　送风口在地面侧时速度场截图

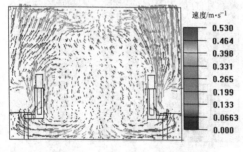

图 4-55　送风口距地面 0.6m
侧时速度场截图

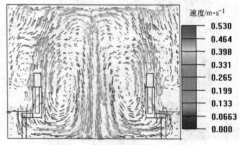

图 4-56　送风口距地面 3.0m
侧时速度场截图

由图 4 - 53 ~ 图 4 - 55 可以看出，当送风口分别设置在地面、距地面 0.6m 时，室内的速度在垂直方向上分布出现较为明显的分层现象，热源上方的风速较大，且随着高度的增加逐渐增大，室内的主导气流是室内工作人员及电脑等热源由于自然对流的作用所产生的热烟羽，在贴近内墙壁处产生下降气流。

新风在进入房间后，由于本身的温度低，密度大，故下沉到地面，并在地面上方扩散形成一个速度较高但很薄的空气层，当新风经过热源后，由于温差作用产生浮升力，从而产生向上的对流烟羽，途中又不断卷吸热源周围的空气，从而形成较高的热流，在达到顶棚后，一部分气体从回风口排出，将途中卷吸的污染物和热量排出室外，剩下的气体由于毛细管换热器的低温辐射和对流作用，使这股热流被冷却，且在毛细管换热器的低温辐射下，房间内墙壁的温度也低于室温，从而产生下降气流，最后达到地表面与新风混合。

当送风口位置在距地面 3.0m（屋顶）时，由图 4 - 56 可以看出，室内的流场与其他 3 种送风方式下的流场存在明显的不同。新风在进入房间后，由于其本身温度低，密度大于室内气流密度而下沉，有一部分低温气流直接下沉到地面，然后向上经过热源；另一部分气流在下沉过程中直接遇到热源，两部分气流经过热源均由于温差和相应浮力的作用，产生向上的对流烟羽，途中又不断卷吸热源周围的空气，从而形成向上的对流烟羽，在达到顶棚后，一部分气体从回风口排出，将途中卷吸的污染物和热量排出室外。但是热源上方的气流速度较大，与其他送风方式下的效果是一样的，在贴近内墙壁则为下降气流。

送风口的位置可以改变室内速度场的分布。所以为保持人员呼吸区空气新鲜，夏季新风送风口的最佳位置是在距地面 3.0m 处（屋顶）。当新风送风口设置在距地 3.0m 时，除了送风口及热源附近风速较大，其他区域风速均在 0.2m/s 以内，这很好地满足了毛细管换热器平面空调系统室内舒适性的要求。

C 送风口位置及送风方向对 CO_2 浓度的影响

图 4 - 57 ~ 图 4 - 60 所示为送风口位置分别在地面上、地面侧、距地面 0.6m 侧、距地面 3.0m 侧时室内 $Z = -2m$ 截面上的 CO_2 浓度分布图。

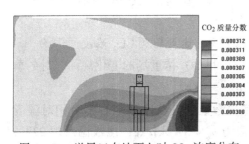

图 4 - 57 送风口在地面上时 CO_2 浓度分布

图 4 - 58 送风口在地面侧时 CO_2 浓度分布

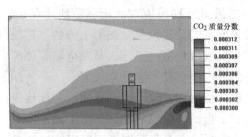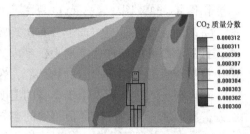

图 4 – 59　送风口距地面 0.6m　　　　　图 4 – 60　送风口距地面 3.0m
侧时 CO_2 浓度分布　　　　　　　　　侧时 CO_2 浓度分布

由图 4 – 57 ~ 图 4 – 59 可以看出，当送风口分别设置在地面、距地面 0.6m 时室内的 CO_2 浓度的分布基本是层状分布的，在污染源（人的头部）以下，CO_2 浓度基本保持新风中 CO_2 的浓度，在人的头部以上，CO_2 浓度逐渐增加。在污染源上方的浓度较高，这是空气流动模式和对流扩散现象的综合效应。由于污染源位于热源的正上方，而热源形成的热气流，以较大的速度向上流动，在污染源下部，浓度较低的空气在上升的热气流的作用下，携带着 CO_2 将其输运到上部。送风口位置在地面时，污染物浓度最大时的垂直高度在人员头部，因此人员头部呼吸区出现气流浑浊现象；当送风口位置距地面 0.6m 时，气流浑浊区稍微高出人员头部位置。

当送风口设置在距地面 3.0m（屋顶）时，工作区域内 CO_2 浓度在垂直方向上没有出现明显的分层现象，在人员头部附近没有出现气流浑浊现象，如图 4 – 60 所示。

通过数值模拟，可以得出，新风送风口的位置及送风方式对室内温度场、速度场和 CO_2 浓度分布场具有明显的影响，送风方式可以改变室内温度、速度和 CO_2 浓度等的分布。当送风口的位置分别在地面、距地面 0.6m 侧时，室内空气的温度、气流速度及 CO_2 浓度等分布出现明显的分层现象，气流浑浊区出现在人员呼吸区范围内。在夏季，送风口的位置设置在距地 3.0m（屋顶），且采用侧送风，可以较好缓解呼吸区污染物浑浊度，减轻温度场、速度场的分层现象，减小毛细管换热器平面空调房间的垂直温差。在夏季，室内新风送风口的最佳位置是在距地面 3.0m（屋顶）处，且采用侧送风方式。

4.4.2.3　冬季工况下送风口位置对温度场、速度场及 CO_2 浓度的影响

为了探讨冬季工况下室内温度场、速度场和 CO_2 浓度场的变化规律，对冬季采暖进行数值模拟，对室内热环境进行研究。

在冬季工况下，按照文献 [97] 选室内参数为：设计温度 18℃、相对湿度 50%，则相应的含湿量为 6.4g/kg，焓值为 $h_n = 39.4$kJ/kg；顶板温度取 27℃；设计新风参数为：21℃、含湿量 8.0g/kg、风速为 0.3m/s、总的新风量为 162m^3/h、送风口面积为 0.15m²；经过分析计算，取外窗的热流密度为 -82.5W/m²，外墙的热流密度为 -17.5W/m²。

A 冬季温度场的计算与分析

在通过工作人员及电脑等热源（$Z = -2m$）的截面上，图 4-61 所示为送风口设置在地面上时的温度场分布，图 4-62 所示为送风口在地面侧时的温度场分布，图 4-63 所示为送风口距地面 0.6m 侧时的温度场分布，图 4-64 所示为送风口在屋顶（距地 3.0m）侧时的温度场分布。

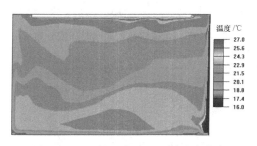

图 4-61 送风口在地面上时温度分布

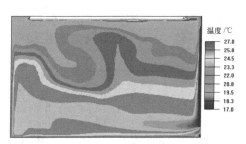

图 4-62 送风口在地面侧时温度分布

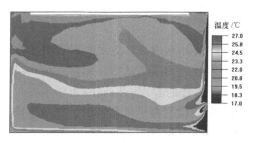

图 4-63 送风口距地面 0.6m 侧时温度分布

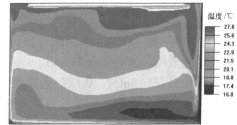

图 4-64 送风口距地面 3.0m 侧时温度分布

由图 4-61～图 4-64 可以看出，室内明显的出现温度分层现象，靠近房间底部的温度较低，靠近房间上部的温度较高。房间的外墙、外窗处的温度较低，而远离外墙、外窗的位置温度较高。随着送风口距地面距离的加大，温度分层更加严重，造成的室内垂直温差变大。送风口在地面，侧面送风时，工作区温度梯度较小，工作区垂直温度差约为 0.8℃；而送风口位置在房顶（距地面 3.0m）时，房间上部温度较高，下部温度较低，而且低温区域面积大，工作区域垂直温度差约为 1.6℃。从房间温度场分布可以得出，冬季送风口最佳位置应设置在地面，并采用侧送风方式。

B 冬季速度场的计算与分析

在通过工作人员及电脑等热源（$Z = -2m$）的截面上，图 4-65 所示为送风口在地面上时的速度场分布，图 4-66 所示为送风口在地面侧时的速度场分布，

图 4 – 67 所示为送风口距地面 0.6m 侧时的速度场分布, 图 4 – 68 所示为送风口设置在屋顶 (距地 3.0m) 侧时的速度场分布。

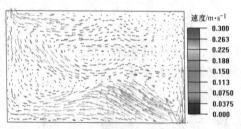

图 4 – 65　送风口在地面上时速度分布

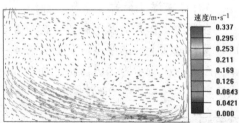

图 4 – 66　送风口在地面侧时速度分布

图 4 – 67　送风口距地面 0.6m 侧时速度分布

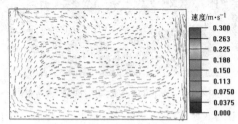

图 4 – 68　送风口距地面 3.0m 侧时速度分布

　　从图 4 – 65 ~ 图 4 – 68 可以看出, 除了风口及外墙内表面处风速较高外, 房间其他地方的风速均在 0.2m/s 以下, 处于较为舒适的风速范围。即使在风口处的风速也只有 0.3m/s, 也很好地满足了室内舒适性的要求。但同时也很清楚地发现, 室内速度场存在明显的分层现象, 当送风口设置在房间顶部时, 气流下降困难, 在工作人员及电脑等热源的附近, 热气流上升速度较大。

　　C　冬季 CO_2 浓度场的计算与分析

　　在通过工作人员及电脑等热源 ($Z = -2m$) 的截面上, 图 4 – 69 所示为送风口在地面时的 CO_2 浓度场分布; 图 4 – 70 所示为送风口在地面, 侧送风时的 CO_2 浓度场分布, 图 4 – 71 所示为送风口距地面 0.6m 侧时的 CO_2 浓度场分布, 图 4 – 72 所示为送风口在屋顶 (距地 3.0m) 侧时的 CO_2 浓度场分布。

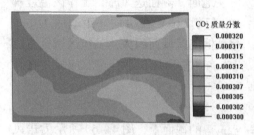

图 4 – 69　送风口在地面上时 CO_2 浓度分布

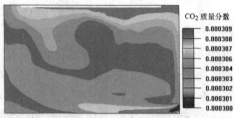

图 4 – 70　送风口在地面侧时 CO_2 浓度分布

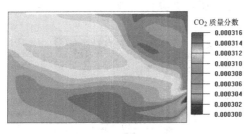 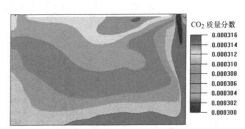

图 4－71　送风口距地面 0.6m　　　　图 4－72　送风口距地面 3.0m
　　　侧时 CO_2 浓度分布　　　　　　　侧时 CO_2 浓度分布

从图 4－69～图 4－72 可以看出，室内 CO_2 浓度场的分布基本呈层状分布，在房间工作人员呼吸区的下部区域，CO_2 浓度基本保持在新风中 CO_2 的浓度，在工作人员呼吸区以上，CO_2 浓度逐渐增加。但是送风口的布置位置不同，室内 CO_2 浓度的分布存在明显区别，送风口距地面 0.6m 高度时，室内工作人员呼吸区域的 CO_2 浓度最大，当送风口位置分别在地面、屋顶（距地面 3.0m）时，室内 CO_2 的最大浓度则集中在房顶，即室内空气浑浊区域不在工作人员的呼吸区。结合速度场分布这种现象并不难理解，地面送风，室内整个气流基本均匀上升，由工作人员产生的 CO_2 跟随气流一同上升，最终到达房顶。当送风口设在屋顶，由于自然对流的作用，气流很难向下流动，而工作人员及电脑等室内热源处的上升气流最为明显，由工作人员所产生的 CO_2 跟随上升气流很快上升到房顶。

结合冬季工况下室内温度场、速度场和 CO_2 浓度分布场的模拟结果分析，不难得出新风送风口位置和送风方向可以改变室内温度、速度和 CO_2 浓度的分布。综合考虑室内温度场、速度场和 CO_2 浓度分布场的情况，冬季最佳送风口位置应设置在地面，并且采用侧面送风的方式。

4.4.2.4　工位送风对毛细管平面辐射空调房间 CO_2 浓度场的影响

从以上的模拟研究表明，在夏季新风送风口布置在距地 3.0m 侧送风，即屋顶更能使毛细管平面辐射空调房间的温度场、速度场、CO_2 浓度场均匀，工作人员呼吸区中 CO_2 浓度较低。而在冬季，新风送风口布置在距地 3.0m 侧送风，毛细管平面辐射空调房间的 CO_2 浓度场则分层现象明显，工作人员呼吸区 CO_2 浓度较高，新风送风口最佳位置是在地面，且采用侧送风方式。如此，对于实际工程中，在一个房间冬夏季采用不同的新风送风口，这显然造成极大的工程浪费。如何解决冬夏季采用同一新风送风口，是推广独立新风系统的关键技术问题。对室内送风采取多种方案进行模拟分析，最后得出以工位送风最为可行，下面就对工位送风进行模拟分析。

如图 4－73 和图 4－74 所示，在夏季采用在地面设置送风口，侧送风形式，在工作人员工作的位置辅以可调节的工位新风送风口。可以看出，工作人员的呼

吸处 CO_2 浓度较高外，其他地方则很小，并且在夏季没有出现明显的分层现象。

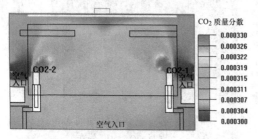 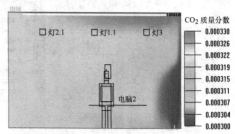

图 4 - 73　$X = 1.6m$ 截面上的 CO_2 浓度分布　　　图 4 - 74　$Z = -2m$ 截面上的 CO_2 浓度分布

　　如图 4 - 75 所示，在工作人员呼吸区，距地面 1.1m 处，采用可调节的工位送风使新风送风口距离人员比较近，送入的新鲜空气直接到达工作人员的呼吸区，稀释工作人员周围的空气，使人员周围不断补充新鲜的空气，很好地改善了工作人员周围的空气品质，使工作人员呼吸区 CO_2 浓度较低，完全能够满足舒适性要求。

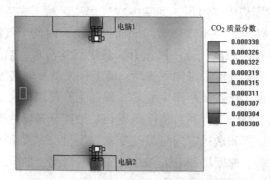

图 4 - 75　$Y = 1.1m$ 截面上的 CO_2 浓度分布

5 毛细管平面辐射空调
冷热负荷的计算

空调负荷计算是空调设计的基础，在暖通空调系统的设计中占有重要的地位，它直接影响建筑物空调系统的划分、制冷设备的选择、自动控制方案的确定以及空调系统的经济性等问题。目前计算建筑物的空调负荷，主要计算由外围护结构传热引起的负荷、内部热源引起的负荷和新风负荷3个组成部分。本章研究毛细管平面辐射空调系统，新风负荷和房间内的其他负荷分别进行计算。因此，传统的空调负荷计算方法不再适用于平面辐射空调系统，本章通过模拟空调房间的传热量，得出模拟房间夏季的冷负荷，与采用谐波法计算的同样房间的负荷进行比较，从而得出一种适合平面辐射空调系统的负荷计算方法。

5.1 空调负荷计算方法介绍

5.1.1 稳态传热计算时期

空调技术发展初期，人们对冷热负荷的认识比较简单，计算工具也不发达，空调负荷计算方法多采用定常计算方法。该方法只需知道建筑物围护结构的表面积、传热系数以及室内外设计温度即可求得热量，并且认为建筑物的得热量即为空调系统冷负荷，根本不考虑建筑物衰减和延迟的影响[59]。

5.1.2 周期不稳定传热计算时期

19世纪40年代后，空调技术逐渐进入成熟时期，空调房间冷负荷计算方法也发展到利用周期性不稳定传热计算时期。1946年，美国Mackey和Wright两人发表了《周期热流——组合的墙或屋顶》一文，提出了一种拟定常传热计算法，这就是当量温差（ETD）法的起源。该方法将周期性变化外扰作用下的围护结构的传热处理成用于计算稳定传热相同形式的公式来计算。该研究成果被美国暖通工程师学会承认，成了之后20年美国冷热负荷计算方法的基础，并为ASHRAE手册所采用，并且影响到欧洲及世界其他国家[60]。直至今日，我国的一些计算方法仍以此为基础。

前苏联的热工专家弗拉索夫等学者在长期研究的基础上，在20世纪40~50年代提出了一种谐波法。该法就是将太阳辐射及室外温度等作为以余弦函数形式表示的周期作用的外扰，从一维傅里叶方程出发，建立定解问题，用调和分析的方法，由傅里叶级数表示，以求出各个不同时刻墙体的得热量。

以上计算方法均只考虑了围护结构本身的不稳定传热和墙体热传递过程中的

衰减和时间上的延迟，但并未考虑整体房间的不稳定热作用过程，没有区别房间得热量、冷负荷和除热量3个不同的概念，把进入房间的瞬时得热当做瞬时负荷，致使空调系统设备容量偏大[59]。

5.1.3　动态负荷计算时期

动态负荷计算时期的研究中，引入了外扰和内扰的概念。外扰是指室外空气的温湿度、太阳辐射强度以及风速等；内扰是指室内照明装置，设备和人体的散热等。几种典型的空调负荷计算方法有：反应系数法、Z传递函数法和辐射时间序列法等。

平面辐射空调系统的负荷计算是平面辐射空调系统设计中的关键部分，也是计算毛细管席面积及其他设备选型的主要依据，因此，空调负荷计算是否准确直接影响到整个毛细管系统设计的合理性以及经济性等。

毛细管由于管径比较小，在室内铺设面积比较大，与室内各个面存在均匀辐射换热，这样在负荷计算时就会有不同和特别之处。相同点是室内照明、设备和人体散热等内扰的冷负荷计算方法；不同点在于更准确地考虑毛细管平面辐射换热对外墙、外窗的影响，冷负荷量会有所不同。正确计算出毛细管辐射空调的负荷对毛细管空调系统的设计和推广应用有重要意义。

5.2　基于CFD软件的毛细管平面辐射空调系统负荷计算方法的研究

5.2.1　外墙得热模型构建

墙体的得热主要来源于与室外空气的对流换热和来自太阳的辐射换热两个部分，从室外得到的热量通过墙体导热传入室内，再以对流和辐射的方式与室内空气进行换热。图5－1所示为墙体得热物理模型。

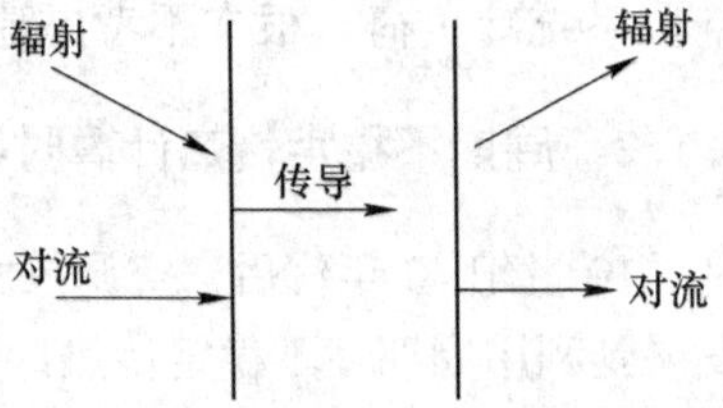

5.2.2　外窗得热模型构建

为了便于模拟计算，本节建立的窗户模型无遮阳设备。太阳辐射到无遮阳设备的窗户时，8%的辐射能被反射；5% ~50%的辐射能被玻璃吸收；其余辐射则直接进入室内，成为冷负荷的一部分[61]。通过窗户得到的太阳能热量是透射辐射和吸收辐射流入室内的部分，同时由于室内外存在温差，通过窗户的热量还有传导热，因此通过窗户传入的总热量为通过窗户的透射辐射能，流入室内的吸收辐射能和传导得热之和。窗户得热模型如图5－2所示。

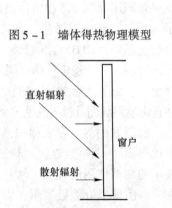

图5－1　墙体得热物理模型

图5－2　窗户得热物理模型

5.3 模拟计算结果的分析

基于毛细管平面辐射空调系统的夏季负荷的研究，模拟室外计算温度选为济南地区夏季空气调节室外计算温度，研究空调系统从早上 8:00 开启到下午 18:00 关闭（普通办公室办公时间）内房间冷负荷的变化。表 5-1 为动态模拟时，不同时刻对应下的温度值。图 5-3 所示分别为 8 时、13 时、14 时、18 时房间中心截面的温度分布云图。

表 5-1 CFD 软件模拟济南夏季空气调节室外计算温度变化

时间/s	0	3600	7200	10800	14400	18000
温度/℃	31.4	32.3	33.2	34	34.5	34.8
时间/s	21600	25200	28800	32400	36000	
温度/℃	34.7	34.2	33.9	33.1	32.2	

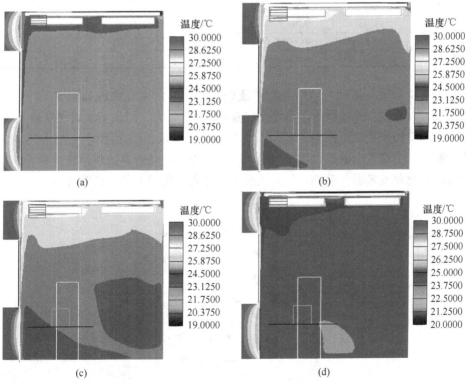

图 5-3　$x = 2.25\text{mm}$ 截面处温度分布云图
（a）8 时；（b）13 时；（c）14 时；（d）18 时

5.3.1　毛细管不同布置位置对空调房间负荷的影响

5.3.1.1　毛细管不同布置位置对外墙传热的影响

毛细管在房间的布置位置不同，房间内各个面的角系数也会随着变化，因此毛细管布置位置影响着外墙与室内的换热大小。本节模拟计算出了第3章所示的4种毛细管的不同布置位置对外墙换热的影响，模拟计算结果见表5-2。

表5-2　毛细管不同布置位置时的外墙热流密度

时间/h	室外温度/℃	毛细管不同布置位置时的外墙热流密度/W·m^{-2}			
		全在顶上	部分顶上部分西墙	部分顶上部分北墙	全在墙上
8	31.4	8.15	9.53	8.6	8.78
9	32.3	8.18	9.41	8.84	8.89
10	33.2	8.21	10.08	9.15	9.3
11	34	8.7	10.5	9.7	9.84
12	34.5	9.13	11	10.42	10.5
13	34.8	9.49	11.33	10.8	11
14	34.7	9.55	11.4	10.93	11.2
15	34.2	9.45	11.2	10.72	10.81
16	33.9	9.36	11.12	10.31	10.45
17	33.1	8.83	10.4	10.02	10.18
18	32.2	8.00	9.68	9.2	9.41

毛细管布置在不同位置时外墙热流密度随时间的变化曲线如图5-4所示。从图中可以看出，外墙最大热流密度出现在下午14:00，即太阳辐射强度最大时。由于毛细管的布置位置不同，房间内各个面的角系数也随之不同，从图5-4还可以看出，毛细管全部敷设在房间的顶上时，通过外墙传递的热流密度最小，即从外墙负荷角度考虑，毛细管的最佳敷设位置是在房间的顶部比较合适。

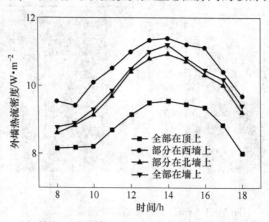

图5-4　毛细管布置在不同位置时外墙热流密度随时间的变化曲线

由表5-2可知,室外空气温度在31.4~34.8℃之间波动,波动振幅为3.4℃。而毛细管全部布置在顶上,部分布置在西墙上,部分布置在北墙上,全部布置在墙上时外墙的热量密度波动范围分别为:8~9.55W/m²、9.41~11.4W/m²、8.6~10.93W/m²、8.78~11.2W/m²,其热量密度振幅分别为1.55W/m²、1.99W/m²、2.33W/m²、2.42W/m²。由此也可以看出,毛细管敷设在顶上时,外墙传递的热量密度波动也比较小,设计时,依据最大时刻选用的毛细管的型号和设计面积,在其他时刻使用时,浪费也较小。

5.3.1.2 毛细管不同布置位置对外窗传热的影响

由于窗户使用玻璃透明的特性,通过玻璃窗的传热可以分为两部分来计算:一部分是由于室内外温差存在,传递的热量,由于玻璃很薄,且导热系数较大,这部分的传热可以按照稳态传热考虑;另一部分是由于太阳光的直射由玻璃窗透射直接传入室内的热量。模拟毛细管的4种不同布置位置对外窗热流密度的影响,结果见表5-3。

表5-3 毛细管不同布置位置时的外窗热流密度

时间/h	室外温度/℃	毛细管不同布置位置时的外墙热流密度/W·m⁻²			
		全在顶上	部分顶上部分西墙	部分顶上部分北墙	全在墙上
8	31.4	58.88	63.26	61.21	59
9	32.3	78.21	85.2	81.3	81.93
10	33.2	103.92	111.62	107.5	106.73
11	34	122.39	130.23	126.36	125.54
12	34.5	130.55	137.58	136.09	133.87
13	34.8	126.92	134.05	132.53	131.96
14	34.7	111.53	118.72	117.32	115.26
15	34.2	87.64	94.2	92.78	89.34
16	33.9	65.79	71.63	70.37	68.2
17	33.1	54.4	59.64	58.65	57.39
18	32.2	41.36	47.16	46.12	44.63

由表5-3可以发现,从早上8:00到下午18:00,外窗最大热流密度出现在中午12:00。这是由于济南地区夏季中午12:00时太阳辐射强度最大,且透过玻璃窗进入室内的太阳辐射占外窗冷负荷的很大一部分。

图5-5所示为毛细管布置在不同位置时外窗热流密度随时间的变化曲线。从图中可以看出,随着太阳辐射的周期性变化,外窗的热量密度呈现周期性变化。即随着一天中太阳辐射强度的波动,通过外窗传递的热量也随时间波动。由表5-3可知,毛细管布置位置为:全部在顶上,部分在西墙上,部分在北墙上,

全部在墙上时，外窗的热流密度波动范围分别为：41.36～130.55W/m², 47.16～137.58W/m², 46.12～136.09W/m², 44.63～133.87W/m²，其热流密度振幅分别为：89.19W/m², 90.42W/m², 89.97W/m², 89.24W/m²。这是由于，太阳辐射透过玻璃窗产生的瞬时冷负荷占外窗冷负荷的很大部分，因此毛细管不同布置位置对外窗冷负荷的影响不大。同时从表5-3和图5-5也可以看出，毛细管布置在顶板上时，通过外窗传递的热量密度最小。

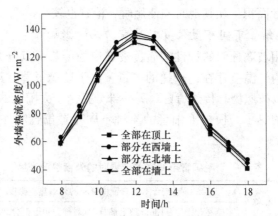

图5-5　毛细管布置在不同位置时外窗热流密度随时间的变化曲线

5.3.2　与传统空调负荷的比较

5.3.2.1　谐波法计算的空调房间冷负荷

采用谐波法计算空调房间的负荷是目前空调设计中较常用的一种方法。本小节依据第3章建立的物理模型和给出的参数，采用谐波法计算出了空调房间的外墙冷负荷、外窗冷负荷、人体显热冷负荷、照明冷负荷、设备冷负荷以及总冷负荷，计算结果见表5-4。

表5-4　传统空调负荷计算方法计算的各项负荷值

时间 /h	外墙冷负荷 /W	外窗冷负荷 /W	人体显热冷负荷 /W	照明冷负荷 /W	设备冷负荷 /W	总冷负荷 /W
8	53.46	323.68	59.78	72.96	207.9	717.78
9	53.46	452.14	93.94	136.32	243	978.86
10	53.46	635.04	102.48	153.6	251.1	1195.68
11	53.46	813.4	108.58	163.2	256.5	1395.14
12	53.46	941.87	111.02	168.96	259.2	1534.51
13	53.46	969.08	113.46	174.72	261.9	1572.62
14	60.14	920.65	114.68	176.64	261.9	1534

时间/h	外墙冷负荷/W	外窗冷负荷/W	人体显热冷负荷/W	照明冷负荷/W	设备冷负荷/W	总冷负荷/W
15	60.14	793.64	115.9	180.48	264.6	1414.76
16	66.83	660.64	117.12	180.48	264.6	1289.66
17	66.83	560.84	117.12	182.4	264.6	1191.79
18	73.51	451.98	59.78	115.2	59.4	759.87

由表 5 - 4 可知，由于外墙具有衰减和延迟的性质，外墙最大冷负荷出现在了 18:00；外窗由于透过玻璃窗的太阳辐射形成的冷负荷占外窗总冷负荷的比例较大，且这部分冷负荷没有延迟性，直接转化为房间的冷负荷，外窗最大冷负荷出现在了 13:00；人体、照明和设备均是按照早上 8:00 开始工作，一直到下午 18:00 停止工作，连续运行 10 个小时进行计算；房间最大冷负荷出现在了 13:00，最大冷负荷为 1572.62W。

5.3.2.2 模拟计算的空调房间冷负荷

由 5.3.1 节可知，用模拟的方法计算出了毛细管在室内不同布置位置时，外墙和外窗各个时刻的热量密度，从而可以计算出通过外墙和外窗的热流量，再加上房间内原有的人员、照明和设备的冷负荷，计算出了房间内的总冷负荷，计算结果见表 5 - 5。

表 5 - 5 毛细管不同布置位置时的空调房间冷负荷

时间/h	毛细管在顶上时房间总冷负荷/W	毛细管部分在西墙上时房间总冷负荷/W	毛细管部分在北墙上时房间总冷负荷/W	毛细管全部在墙上时房间总冷负荷/W
8	678.13	712.63	693.03	686.27
9	889.4	932.65	909.93	913.09
10	1027.8	1081.71	1053.73	1052.43
11	1129.67	1183.29	1157.89	1156.27
12	1178.84	1230.03	1216.95	1207.11
13	1179.41	1230.64	1218.05	1218.17
14	1120.95	1172.55	1161.17	1156.1
15	1030.74	1078.57	1066.99	1050.99
16	942.37	987.41	972.47	965.38
17	891.72	932.02	923.4	920.24
18	499.09	542.99	532.95	529.46

图 5 - 6 所示为毛细管布置在不同位置时房间冷负荷随时间的变化曲线。从

图 5 - 6 可以看出，采用模拟和传统计算方法计算的房间最大冷负荷均在 13：00，使用毛细管平面辐射空调系统后房间最大冷负荷有所降低。比较图中的各条曲线，还可以看出，传统计算方法计算的空调房间最大冷负荷最大，接下来依次是毛细管部分布置在西墙上，毛细管全部在墙上，毛细管部分在北墙上，毛细管布置在顶上。由此，可以得出结论：从空调房间负荷角度考虑，毛细管的最佳敷设位置是顶板。当房间负荷过大，顶板敷设面积不足时，部分布置在墙上，房间负荷增加很小，设计也比较合理。

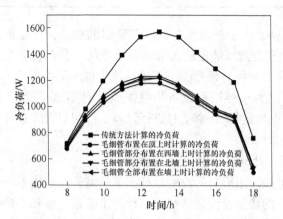

图 5 - 6　毛细管布置在不同位置时房间冷负荷随时间的变化曲线

5.3.3　毛细管平面辐射空调系统负荷的分析

5.3.3.1　毛细管平面辐射空调系统的负荷比

毛细管平面辐射空调负荷占传统空调计算方法计算负荷的百分比，简称为负荷比。根据上面的模拟结果，本小节计算出了毛细管平面在室内 4 种不同布置方式时的负荷比，计算结果见表 5 - 6。

表 5 - 6　毛细管不同布置位置时的负荷比

时间/h	毛细管全部在顶上时的负荷比/%	毛细管部分在西墙上时的负荷比/%	毛细管部分在北墙上时的负荷比/%	毛细管全部在墙上时的负荷比/%
8	94.48	99.28	96.55	95.61
9	90.86	95.28	92.96	93.28
10	85.96	90.47	88.13	88.02
11	80.97	84.81	83	82.88
12	76.82	80.16	79.3	78.66
13	75	78.25	77.45	77.46
14	73.07	76.44	75.69	75.36

时间/h	毛细管全部在顶上 时的负荷比/%	毛细管部分在西墙上 时的负荷比/%	毛细管部分在北墙上 时的负荷比/%	毛细管全部在墙上 时的负荷比/%
15	72.86	76.24	75.42	74.29
16	73.07	76.56	75.4	74.86
17	74.82	78.2	77.48	77.21
18	65.68	71.46	70.14	69.68

从表 5 - 6 中可以看出,毛细管分别布置位置为全部在顶上,部分在西墙上,部分在北墙上,全部在墙上时,毛细管空调负荷比的波动范围分别为:65.68% ~ 94.48%,71.46% ~ 99.28%,70.14% ~ 96.55%,69.68% ~ 95.61%。空调设计选用设备时,一般是根据一天中负荷最大时刻的负荷值选用设备的大小。由 5.3.2 节可知道,模拟和传统计算方法计算的空调负荷最大值均出现在了 13:00。由表 5 - 6 可以知道,毛细管平面全部在顶上,部分在西墙上,部分在北墙上,全部在墙上 4 种室内布置方式时,负荷比依次为 75%,78.25%,77.45%,77.46%。

5.3.3.2 毛细管平面辐射空调系统的节能效果

目前,已有许多相关文献从不同角度论证了毛细管平面辐射空调系统的节能效果。本节从负荷角度,根据公式:节能(%) =(传统计算负荷 - 毛细管空调系统负荷)/传统计算负荷,计算了毛细管空调系统的节能性,计算结果见表 5 -7。

表 5 -7   毛细管不同布置位置时的节能效果

时间/h	毛细管全部在顶上 时的节能效果/%	毛细管部分在西墙上 时的节能效果/%	毛细管部分在北墙上 时的节能效果/%	毛细管全部在墙上 时的节能效果/%
8	5.52	0.72	3.45	4.39
9	9.14	4.72	7.04	6.72
10	14.04	9.53	11.87	11.98
11	19.03	15.19	17.00	17.12
12	23.18	19.84	20.69	21.34
13	25.00	21.75	22.55	22.54
14	26.93	23.56	24.3	24.64
15	27.14	23.76	24.58	25.71
16	26.93	23.44	24.60	25.14
17	25.18	21.8	22.52	22.79
18	34.32	28.54	29.86	30.32

从表5-7可以看出，毛细管在室内4种布置方式下，节能效果的波动范围分别为：5.52% ~ 34.32%、0.72% ~ 28.54%、3.45% ~ 29.86%、4.39% ~ 30.32%。根据空调设计时设备的选取原则，从上面的分析过程可知，应根据13:00时的节能性判断毛细管空调系统的节能效果。从表5-7可知，毛细管平面在室内4种布置方式下，分别节能：25%、21.75%、22.55%、22.54%。

由此可以得出结论：毛细管平面布置在顶板上时，节能效果最显著，可以节能25%。当空调负荷过大时，毛细管顶板布置面积不足时，可以部分布置在墙壁上，此时的节能效果也能达到20%以上。因此，应当根据房间结构，合理布置毛细管的位置，以达到节能、舒适和美观的效果。

5.4　毛细管平面辐射空调系统负荷计算的方法

辐射供暖热负荷常用的计算方法有两种，即改变室内温度法和修正系数法。

5.4.1　改变室内温度法

目前工程上，地板采暖的负荷计算方法，是按照常规的对流供暖系统的负荷计算方法计算后，折合成辐射供暖时的热负荷。考虑毛细管平面辐射空调系统与地板采暖的相同点：(1) 辐射换热量在全部换热量中占据重要的比例；(2) 毛细管平面辐射空调系统夏季供冷或冬季供暖时室内设计温度可以相应地升高或降低1.6℃左右，室内可以获得同样地舒适感。因此，毛细管平面辐射空调系统可以沿用地板采暖的负荷计算方法，即将室内温度在夏季升高1.6℃，在冬季降低1.6℃进行负荷计算。

5.4.2　修正系数法

根据前面的分析，总结出采用修正系数法计算毛细管平面辐射空调系统夏季负荷时，修正系数的取值为0.75 ~ 0.8之间。当毛细管全部敷设在顶板时修正系数取0.75较合适，当有部分敷设在墙面时，根据敷设在墙面面积的大小，可以取0.75 ~ 0.8之间不同的修正系数。

6　毛细管平面辐射空调系统设计

毛细管平面辐射空调系统的设计包含有许多因素，如毛细管换热器形式、换热器面积的确定，毛细管换热器阻力的计算，新风系统的设计，室内防止结露装置的设置，动力设备的设计，空调系统控制的设计等，并且各部分又相互影响。本章将分别介绍各部分选型、计算的相关方法及设计数据。

6.1　毛细管换热器形式及换热面积

毛细管平面辐射空调系统在原则上分为自然通风和机械通风两种空调形式。

自然通风的毛细管平面辐射空调系统常常采用开窗通风实现房间的换气，这样将会使运行效果降低，并且有可能造成室内结露的危险。为了避免室内结露，常选择以下两种控制模式：（1）通过露点感应器开关控制供水温度；（2）相对湿度升高时，调节相应的供水温度。确保供水温度比露点温度高 1～2℃。按照目前我国的规范，空调房间室内温度不低于 26℃，按室内相对湿度取 50%，则室内的露点温度为 14.8℃，如果取供水温度为 16℃，则室内结露的情况将非常少，当然很少的闷热潮湿天气除外。

很显然，自然通风下的毛细管平面辐射空调运行方式（1）形成了在闷热天气非常需要供冷时，为了防止室内结露又必须关闭系统；运行方式（2）提高供水温度必然导致制冷量的下降，但是冷吊顶仍然在运行。无论如何自然通风的平面辐射空调系统都应加装露点感应器，在紧急情况下，能够关闭系统。

机械通风的毛细管平面辐射空调系统是平面辐射空调的首选，室内的相对湿度可以由通风设备来控制，通常将室内的相对湿度控制在舒适的范围之内。通过与辐射换热器结合，通风系统不需要承担室内的显热负荷，可以大大缩小风管尺寸，减少通风系统所占建筑空间。

6.1.1　毛细管换热器安装类型

从理论上，毛细管换热器可以和各种类型的吊顶结合，毛细管换热器的施工形式应该是多样的，但是在实际工程中，典型的与毛细管换热器结合的安装形式有以下几种结构类型。

6.1.1.1　抹灰涂层毛细管辐射吊顶

毛细管换热器直接安装在混凝土楼板下的抹灰层中，如图 6-1 所示，涂层可以采用常规的水泥砂浆，也可以采用消声涂层，其材料为常规的水泥、石灰和

吸声石膏等，造价较低。施工时，可以将
毛细管换热器事先固定在楼板下，涂层可
以分层施工。毛细管换热器的主管可以安
装在吊顶的开槽内，也可以安装在特设的
假梁中，或者安装在毗邻的走廊中。

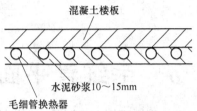

图 6 - 1　抹灰涂层毛细管辐射吊顶

抹灰涂层毛细管辐射吊顶具有以下
优点：

（1）结构高度小，特别适用于层高较小的房间。

（2）对于改建的建筑基本不影响层高，适用于改建工程。

（3）施工材料便于就地取材，造价低。

6.1.1.2　抹灰加毛细管辐射吊顶

毛细管换热器固定在干式结构吊顶的下方，然后再涂上灰层。毛细管换热器
的主水管、管道和其他房间设施的管线均安装在吊顶上方空间内。

抹灰加毛细管辐射吊顶结构（见图 6 - 2）具有如下特点：

（1）毛细管换热器主管等安装内容全部在吊顶上方的空间内。

（2）可见部分只是无缝抹灰层，美观。

（3）施工过程中，可将毛细管随意的左右移动 150mm，来完成灯具、通风
口等房间其他设施的安装。

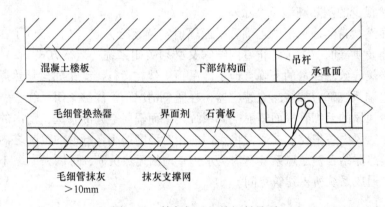

图 6 - 2　抹灰加毛细管辐射吊顶

6.1.1.3　干式结构吊顶内置毛细管辐射

采用一块张紧的编织物将毛细管换热器安装在无缝干式吊顶板材上方，如图
6 - 3 所示。毛细管换热器上方需要设置一层保温层，安装于龙骨结构下方，保
温层和干式吊顶形成密闭空间，干式吊顶板朝向房间的一侧应平整，且应按装饰
（粉刷）要求进行施工。该结构可以实现工厂化预制，实现装配式施工，系统高
度 100mm 左右。

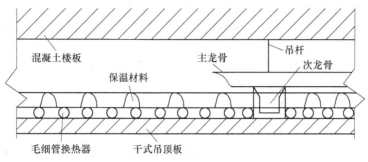

图 6 - 3 干式结构吊顶内置毛细管辐射

干式结构吊顶内置毛细管辐射结构具有如下特点：

（1）毛细管换热器安装在吊顶内部，可以方便与供回水管连接。

（2）房间内天棚是平整无缝的干结构吊顶。

（3）可以实现工厂化预制，安装简单、快捷、干净。

6.1.1.4 金属扣板吊顶上附毛细管辐射

在金属扣板吊顶内安装毛细管换热器，如图 6 - 4 所示。毛细管换热器黏附在金属吊顶上，在毛细管换热器上再覆盖一层保温层，金属扣板吊顶上附毛细管辐射可以在工厂内实现预组装，各块金属扣板之间使用弹性软管连接毛细管换热器供水管，如图 6 - 5 所示，软管和供水管均安装在吊顶空间中。

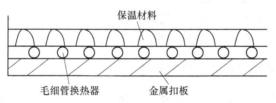

图 6 - 4 金属扣板吊顶上附毛细管辐射

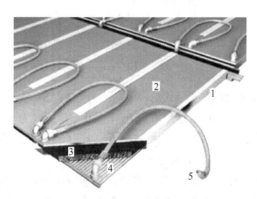

图 6 - 5 金属扣板之间的软管连接示意

1—金属扣板封边；2—金属扣板；3—保温材料；4—毛细管格栅；5—软管快速接口

金属扣板吊顶上附毛细管辐射结构具有如下特点：

（1）毛细管换热器安装在金属扣板上方，置于吊顶内，可以方便与供回水管连接。

（2）金属扣板方便拆卸，即使在运行时也可以随时打开，维修方便。

（3）可实现工厂化预制，安装简便、快捷。

但是，由于毛细管换热器形成小分块较多，系统软管复杂，投资相对较大。

6.1.1.5　声学毛细管辐射吊顶

由可循环气泡玻璃制造的声学平板结合毛细管换热器形成声学毛细管辐射吊顶，如图 6-6 所示。最外层涂有消声石膏层。

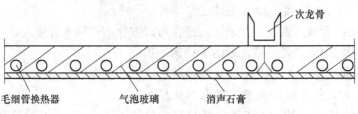

次龙骨

毛细管换热器　　气泡玻璃　　消声石膏

图 6-6　声学毛细管辐射吊顶

声学毛细管辐射吊顶结构具有如下特点：

（1）气泡玻璃，达到 A 级防火等级。

（2）吊顶表面无缝、质量好。

（3）具有极佳的声学性能，制冷量大。

（4）实现工厂化预制，安装简便、快捷。

6.1.2　毛细管换热器单位面积冷量确定

不同类型的毛细管换热器安装形式，其供冷量是不同的，辐射顶板的供冷能力用其供冷量 q 来表示，其计算公式[86]为：

$$q = k\Delta t_o \tag{6-1}$$

$$\Delta t_o = \frac{t_i - t_o}{\ln \dfrac{t_p - t_o}{t_p - t_i}} \tag{6-2}$$

式中，k 为冷水至辐射面的传热系数，$W/(m^2 \cdot ℃)$；Δt_o 为供冷板与介质之间的对数平均温差，℃；t_i、t_o 分别为介质进出口温度，℃；t_p 为辐射板表面温度，℃。当 t_p 与 t_n（室内空气温度）相差不大时，可将式（6-1）近似为式（6-3）。

$$q = 8.92(t_n - t_p)^{1.1} \tag{6-3}$$

取吊顶与室内平均温差为 10℃，即毛细管换热器的供回水温度为 15/17℃，室内温度取 26℃，毛细管辐射顶板安装在房间的顶部，各种不同安装结构毛细管辐射顶板的供冷量见表 6-1。

表6-1 不同毛细管辐射结构的供冷量

序号	安装结构描述	毛细管型号/mm×mm	单位面积换热量/W·m⁻²
A	闭式微孔金属扣板，毛细管换热器粘贴	3.4×0.55	87.7
B	抹灰涂层毛细管辐射吊顶，10～15mm	4.3×0.8	86.3
C	干式结构吊顶内置毛细管辐射，无孔，10mm，石膏板（$\lambda = 0.4W/(m·K)$）	3.4×0.55	66.2
D	干式结构吊顶内置毛细管辐射，有孔，12.5mm，石膏板（$\lambda = 0.21W/(m·K)$）	3.4×0.55	60.9
E	干式结构吊顶内置毛细管辐射，有孔，带3mm消声涂层，12.5mm，石膏板（$\lambda = 0.21W/(m·K)$）	3.4×0.55	59.1
F	抹灰涂层毛细管辐射吊顶，带8～10mm消声涂层	3.4×0.55	60.4

注：本表采用德国 DIN4715 标准，平均温差为10℃的标称冷量。

在不同的设计条件下，对应于吊顶类型（安装条件），吊顶毛细管换热器平均中间温度，即平均温度与室内温度的差值，单位面积的供冷量可以按照图6-7查出。

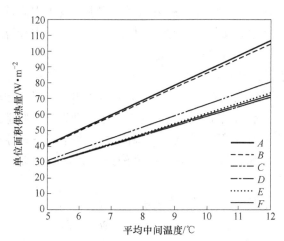

图6-7 不同类型毛细管辐射吊顶单位面积供冷量

6.2 毛细管换热器阻力

6.2.1 毛细管平面辐射空调系统水力计算介绍

使用 PP-R 或 PB 作为毛细管材料时，因为材料的透氧性，氧气通过毛细管壁进入设备并扩散，直至设备中的氧气处于饱和状态。为防止氧化，将系统分成冷（热）源组成的一次循环和通过热交换器组成的二次循环。一次循环从冷热源到热交换器，二次循环从热交换器到毛细管系统。热交换器是二次循环中一个紧凑的换热站，由循环水泵、膨胀水箱和其他设备组成。所有与水接触的部件采用防腐蚀的材料，如塑料、青铜或者黄铜。

由于毛细管平面空调系统的结构以及之间的连接管道，造成了毛细管顶板系统内有很多的局部阻力部件，压力损失的计算没有成熟研究，设计阶段的水力计算存在一定难度。毛细管系统的每个环路必须做到水力平衡，水力平衡根据毛细管网席的压损和管路的压力损失计算得出。本节研究中将系统的末端装置，即毛细管网席的阻力视为设备阻力中重要的组成部分。下面主要研究水系统的水力计算问题。

水系统的总压力损失由以下几部分组成：

$$\Delta P_{水系统} = \Delta P_W + \Delta P_Z + \Delta P_1 + \Delta P_r \qquad (6-4)$$

式中，ΔP_W 为毛细管网席的压力损失，Pa；ΔP_Z 为毛细管系统中供回水管路的压力损失，Pa；ΔP_1 为毛细管系统内部零件阀门的压力损失，Pa；ΔP_r 为热交换器的阻力损失，Pa。

6.2.2　基于遗传算法的供回水管路水力计算的研究

毛细管供回水管路的阻力计算是毛细管空调水系统中水力计算的重要组成部分，也是管路设计及输送设备选型的主要依据，因此，阻力计算是否准确直接影响整个毛细管管路的运行情况和经济效益。

毛细管供回水管的材质和普通供暖用材质不同，这样在水力计算时也会有不同和特别之处。相同点就在于把流动阻力分为沿程阻力和局部阻力，计算这些阻力的基本公式相同；不同点在于更充分的考虑毛细管管材、制造工艺和不同辐射的热（冷）媒温度变化范围等特点，摩擦阻力系数计算公式等也不同。正确计算出毛细管阻力对毛细管供冷（热）技术的推广有重要意义，关键在于确定比摩阻和局部阻力系数。

计算管段的压力损失，可用下式表示：

$$\Delta P = \Delta P_y + \Delta P_j = Rl + \Delta P_j \qquad (6-5)$$

$$\Delta P_y = \lambda \frac{l}{d} \frac{\rho v^2}{2} \qquad (6-6)$$

$$\Delta P_j = \sum \zeta \frac{\rho v^2}{2} \qquad (6-7)$$

式中，ΔP 为计算管段的压力损失，Pa；ΔP_y 为计算管段的沿程损失，Pa；ΔP_j 为计算管段的局部损失，Pa；R 为每米管长的沿程损失，即比摩阻，Pa/m；λ 为管道的摩擦阻力系数；l 为管段长度；d 为管内径，m；ρ 为冷媒密度，kg/m³；v 为冷媒在管道内的流速，m/s；ζ 为计算管段局部阻力系数，塑料管及铝塑复合管的阻力系数见表6-2。

表 6 – 2　局部阻力系数值

管路附件	曲率半径≥5d 的 90°弯头	直流三通	旁流三通	合流三通	分流三通	直流四通
ζ 值	0.3 ~ 0.5	0.5	1.5	1.5	3.0	2.0
管路附件	分流四通	乙字弯	括弯	突然扩大	突然缩小	压紧螺母连接件
ζ 值	3.0	0.5	1.0	1.0	0.5	1.5

利用毛细管平面空调系统供冷（暖）时，已知毛细管供回水干管的水流量或冷（热）负荷，确定毛细管干管各管段的管径和压力损失，是毛细管平面空调系统进行水力计算的诸多任务中最基本，也是最重要的一步。在利用水力计算表（或图）进行设计计算时，为了确定各管段的管径，在已知其流量或热负荷的条件下，还必须知道管段上比摩阻 R 或流速 v 的大小。通常情况下，管段的压降值是未知的，这就要求在计算时预先选取一个比摩阻值（或流速 v），根据各管段的流量或者热负荷，参考预选的比摩阻（或流速），查计算表或者图，确定管径等各项计算参数。

选用多大的比摩阻值（或流速 v）来选定管径，是一个技术经济问题。对于一个毛细管网路，当设计供回水温度和设计冷、热负荷确定以后，各管道的计算流量也随之确定，若选用较高流速，即选用较大的 R 值，则管径可缩小，因而降低了管材的耗量、保温材料耗量和热损失的减少，但系统的压力损失增大，水泵的电能消耗增加。

工程中经常遇到这种在多准则或多目标下设计和决策的问题，如果这些目标的改善是相互抵触的，则需要找到满足这些目标的最优设计方案。利用遗传算法可以解决多目标优化问题，即满足流量要求时，求解可使得单位长度压力损失取到尽量小值，同时管材耗费也取到尽量小值的最合适的流速和管径，从而可计算出与其对应的单位长度压损的最小值（即最小比摩阻），此时为最优状态。

6.2.2.1　利用遗传算法求解多目标优化问题的介绍

遗传算法模拟了自然选择和遗传中发生的复制、交叉、变异等现象，从任一初始种群出发，通过随机选择、交叉和变异的操作，产生一群更适应环境的个体，使种群进化到搜索空间中越来越好的区域，这样一代一代地不断繁衍进化，最后收敛到一群最适合环境的个体，求得问题的最优解。

解决多目标和多约束的优化问题成为多目标优化问题。在实际应用中，工程优化问题多数是多目标优化问题，有时需使多个目标在给的区域上都可能到达最优的问题，目标之间一般都存在相互的冲突。这种多于一个的数值目标的最优化问题就是多目标优化问题。

多目标优化问题一般的数学模型可描述为：

$$\begin{cases} V - \min & f(x) = [f_1(x), f_2(x), \cdots, f_n(x)]^\mathrm{T} \\ \text{s. t.} & x \in X \\ & X \subseteq R^m \end{cases} \qquad (6-8)$$

式中，$V - \min$ 表示向量极小化，即向量目标函数 $f(x) = [f_1(x), f_2(x), \cdots, f_n(x)]^\mathrm{T}$ 中的各个子目标函数都尽可能地达到极小值。

设 $X \subseteq R^m$ 是多目标优化模型的约束集，$f(x) \in R^n$ 是多目标优化时的向量目标函数，有 $x_1 \in X$，$x_2 \in X$。若 $f_k(x_1) \leqslant f_k(x_2)$，$k = 1, 2, \cdots, n$，则称解 x_1 比解 x_2 优越。解 x_1 使得所有的 $f(x_i)(i = 1, 2, \cdots, n)$ 都达到最优，如图 6-8 所示，在实际应用中一般是不存在这样的解的，这里引入了 Pareto 最优解的概念。

设 $X \subseteq R^m$ 是多目标优化模型的约束集，$f(x) \in R^n$ 是多目标优化时的向量目标函数，有 $x_1 \in X$，并且不存在比 x_1 更优越的解 x，则称 x_1 是多目标最优化模型的 Pareto 最优解。

由此可知，多目标优化问题的 Pareto 最优解只是问题的一个可以接受的"非劣解"，并且一般多目标优化实际问题都存在多个 Pareto 最优解，如图 6-9 所示。

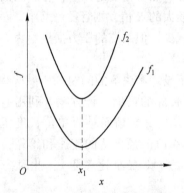 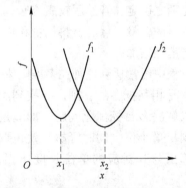

图 6-8　多目标优化问题的最优解　　　图 6-9　多目标优化问题的 Pareto 解

6.2.2.2　数学模型的建立

在单位面积毛细管网席的供冷（暖）能力一定时，确定水流量，要求单位长度管段压损最小，即比摩阻最小，同时要求管材耗量、保温材料耗量最小，两者均正比于管径。

即水流量 G 一定：

$$G = 3600 \frac{\pi d^2}{4} rv = 900 \pi d^2 rv \qquad (6-9)$$

G 为定值的约束条件下。

（1）要求比摩阻最小。

$$\min \quad f_1 = R = \frac{\lambda}{d} \frac{\rho v^2}{2} \tag{6-10}$$

充分考虑毛细管管材、制造工艺和不同辐射的冷（热）媒温度变化范围等特点，摩擦阻力系数计算公式有不同。冷媒在毛细管中流动的摩擦阻力系数 λ 值取决于管内冷媒的流动状态和管壁的粗糙度，即

$$\lambda = f(Re, e) \tag{6-11}$$

$$Re = \frac{vd}{n}, \quad e = \frac{K_1}{d} \tag{6-12}$$

式中，n 为流体的运动黏滞系数，m^2/s；K_1 为管壁的当量绝对粗糙度，m；e 为管壁的相对粗糙度。

摩擦阻力系数 λ 值是根据实验方法确定的，根据实验数据整理的曲线，按照流体不同状态，可整理出一些计算摩擦阻力系数 λ 值的公式。

当 $Re < 2300$ 时，管内流动处于层流状态。在此区域内摩擦阻力系数 λ 值仅取决于雷诺数 Re 值：

$$\lambda = \frac{64}{Re} \tag{6-13}$$

当 $Re > 2300$ 时，流动呈紊流状态，在整个紊流区内，铝塑复合管及塑料管的摩擦阻力系数可近似统一计算：

$$\lambda = \left\{ \frac{0.5\left[\dfrac{b}{2} + \dfrac{1.312(2-b)\lg 3.7\dfrac{d}{K_1}}{\lg Re_s - 1}\right]}{\lg \dfrac{3.7d}{K_1}} \right\}^2 \tag{6-14}$$

$$b = 1 + \frac{\lg Re_s}{\lg Re_z} \tag{6-15}$$

$$Re_s = \frac{vd}{n} \tag{6-16}$$

$$Re_z = \frac{500d}{K_1} \tag{6-17}$$

式中，b 为水的流动相似系数；Re_s 为实际雷诺数；Re_z 为阻力平方区的临界雷诺数；对于塑料管，$K_1 = 1 \times 10^{-5}$ m；v 为毛细管供回水干管中的水流速度，m/s；d 为毛细管供回水管的内径，m。

管子内径 d 计算如下：

$$d = 0.5(2d_2 + \Delta d_2 - 4\delta - 2\Delta\delta) \tag{6-18}$$

式中，d_2 为管外径，m；Δd_2 为管外径允许误差，m；δ 为管壁厚，m；$\Delta\delta$ 为管壁厚允许误差，m。

（2）要求管材耗量、保温材料耗量最小。

管材耗量按毛细管管材的面积计算，管材耗量最小，即

$$\min \quad f = A_1 \pi d \qquad (6-19)$$

保温材料耗量按所用材料的体积计算，在确定了保温层厚度 d 的情况下，要求保温材料耗量最小，即

$$\min \quad f = A_2 \pi d \qquad (6-20)$$

式中，A_1、A_2 分别为管材耗量、保温材料耗量与管道断面面积之间的线性关系系数，可根据实际工程中数据得出。

在本书理论计算中，由式（6-19）和式（6-20）可得出，管材耗量、保温材料耗量均为毛细管供回水干管管径的线性函数，三者之间的线性关系系数需要根据实际情况确定，所以本节中的第二个目标函数简化为：

$$\min \quad f_2 = d \qquad (6-21)$$

在遗传算法求解过程中，近似忽略管壁厚度，即认为管内径和外径近似相等；在水力计算表的制作过程中，编程计算时不能忽略管壁厚度。

6.2.2.3　遗传算法求解过程

对于求解多目标优化问题的 Pareto 最优解，目前已有多种基于遗传算法的求解方法，下面介绍五种常用的方法。

（1）权重系数变换法。对于一个多目标优化问题，若给其每个子目标函数 $f(x_i)(i=1,2,\cdots,n)$ 赋予权重 $w_i(i=1,2,\cdots,n)$，其中 w_i 为相应的 $f(x_i)$ 在多目标优化问题中的重要程度，则各个子目标函数 $f(x_i)$ 的线性加权和表示为 $u = \sum_{i=1}^{n} \omega_i f(x_i)$。若将 u 作为多目标优化问题的评价函数，则多目标优化问题就可以转化为单目标优化问题，即可以利用单目标优化的遗传算法求解多目标优化问题。但对于本章中的数学模型求解并不适合，因为两个目标函数是不同性质的（第一目标函数为压损，第二目标函数为耗材），不能转化为单目标函数。

（2）并列选择法。并列选择法的基本思想是：先将群体中的全部个体按子目标函数的数目均等地分为一些子群体，对每个群体分配一个子目标函数，各个子目标函数在其相应的子群体中独立地进行选择运算，各自选择出一些适应度较高的个体组成一个新的子群体，然后再将所有这些新生成的子群体合并成为一个完整的群体，在这个完整的群体中进行交叉运算和变异运算，从而生成下一代的完整群体，如此这样不断地进行"分割—并列选择—合并"过程，最终可求出多目标优化问题的 Pareto 最优解。图 6-10 所示为多目标优化问题的并列选择法的示意图。

（3）排列选择法。排列选择法的基本思想是：基于 Pareto 最优个体（Pareto 最优个体是指群体中的这样一个或一些个体，群体中的其他个体都不比它或它们更优越），对群体中的各个个体进行排序，依据这个排列次序来进行进化过程中

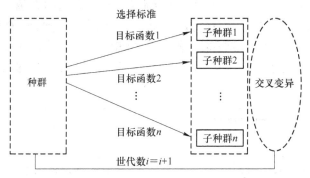

图 6 - 10 并列选择法示意图

的选择运算，从而使得排在前面的 Pareto 最优个体将有更多机会遗传到下一代群体中。如此这样经过一定代数的循环之后，最终就可求出多目标最优化问题的 Pareto 最优解。

（4）共享函数法。求解多目标最优问题时，一般希望得到的解能够尽可能地分散在整个 Pareto 最优解集合内，而不是集中在其 Pareto 最优解集合内的某个较小的区域上。为达到这个要求，可以利用小生境遗传算法的技术来求解多目标最优化问题，这种方法称为共享函数法，它将共享函数的概念引入到求解多目标最优化问题的遗传算法中。算法对相同个体或类似个体的数量加以限制，以便能够产生出种类较多的不同的最优解。对于一个个体 X，在它附近还存在有多少种、多大程度相似的个体，是可以度量的，这种度量值称为小生境数。在计算出各个个体的小生境数以后，可以使小生境数较小的个体能够有更多的机会被选中，遗传到下一代群体中，即相似程度较小的个体能够有更多的机会被遗传到下一代群体中，这样就增加了群体的多样性，也增加了解的多样性。

（5）混合法。混合法的基本思想是，选择算子的主体使用并列选择法，然后通过引入保留最佳个体和共享函数的思想来弥补只使用并列选择法的不足之处。

本节求解过程中，选择并列选择法。处理约束条件时仍然选用惩罚函数的思想。

以流量 $G = 1050\text{kg/h}$ 时为例，介绍求解最优流速、管径组合的过程。

约束条件为流量 $G = 1050\text{kg/h}$ 为一定值，则：

$$900\pi d^2 \rho v = 1050\text{kg/h} \qquad (6-22)$$

问题可简化为：

$$\begin{cases} \min \quad f_1 = \lambda \dfrac{\rho}{2} \dfrac{v^2}{d} \\ \min \quad f_2 = d \\ \text{s. t.} \quad d^2 v = 1050/(900\pi\rho) \\ \qquad 0.1 \leqslant v \leqslant 1.2, 0.01 \leqslant d \leqslant 0.04 \end{cases} \qquad (6-23)$$

联立式 (6 - 8) ~ 式 (6 - 18)，判断流态，选择合适的 λ 值，代入多目标的优化函数式 (6 - 23) 中。变量个数 NVAR = 2，选取个体数目 NIND = 100，最大遗传代数 MAXGEN = 80，变量的二进制位数 PRECI = 20，代沟 GGAP = 0.9。

经过 80 次遗传迭代后，第一目标函数值的曲线大约在 25.8Pa/m（见图 6 - 11）趋于平缓。

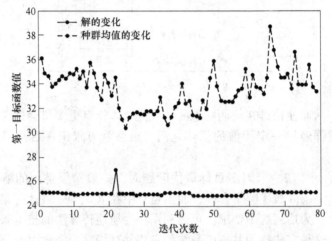

图 6 - 11　经过 80 次迭代后第一目标函数的最优解及性能跟踪

80 次遗传迭代后结果为：流速 v 的 Pareto 解为 [0.2216　0.2693]；管径 d 的 Pareto 解为 [0.037　0.053]；单位长度压损 f_1 = 25.784Pa/m。

改变约束条件，求不同流量下，满足比摩阻最小，耗材最少时 v、d 的取值（pareto 解求出的是一范围，表 6 - 3 列出的值为 pareto 解范围的平均值），并求出对应的 R 值。

表 6 - 3　不同流量下的最优比摩阻

流量/kg·h^{-1}	流速 pareto 解的均值 /m·s^{-1}	管径 pareto 解的均值 /m	第一目标函数（R）的最优解 /Pa·m^{-1}
60	0.10	0.016	13.50
80	0.11	0.017	13.30
100	0.13	0.017	15.80
120	0.15	0.017	18.20
140	0.17	0.017	36.25
160	0.17	0.020	31.25
180	0.17	0.019	33.58
200	0.17	0.020	33.54
220	0.18	0.022	31.08

流量/kg·h⁻¹	流速 pareto 解的均值 /m·s⁻¹	管径 pareto 解的均值 /m	第一目标函数（R）的最优解 /Pa·m⁻¹
240	0.18	0.022	31.67
260	0.18	0.023	30.44
280	0.18	0.024	30.56
300	0.19	0.024	32.22
350	0.19	0.026	29.97
400	0.19	0.028	28.36
460	0.19	0.030	27.35
500	0.20	0.031	28.26
600	0.20	0.033	26.59
750	0.21	0.037	27.19
900	0.22	0.039	27.21
1050	0.22	0.042	25.78
1200	0.22	0.045	24.52
1350	0.23	0.048	23.14
1500	0.23	0.050	23.73
1750	0.24	0.054	22.71
1900	0.24	0.056	22.53
2050	0.24	0.058	20.10
2200	0.24	0.060	19.47
2400	0.25	0.062	20.07
2600	0.25	0.064	19.81
2800	0.26	0.066	18.55
3000	0.26	0.068	18.95
3300	0.27	0.070	18.67

当流量为 60~120kg/h 时，约束条件中选用管径的取值范围为 [0.015 0.050]，此时通过遗传算法算出的 R 值较小，这是因为在小流量情况下，选用 15mm 左右的小管径，管内水流还处于层流状态，单位长度压损较小；随着流量的逐渐增大，最优比摩阻总体趋势是减小的，最优流速逐渐增大，保持在 0.1~0.3m/s 范围内；系统设计阶段，建议采用毛细管系统供回水干管的比摩阻 $R = 20~40Pa/m$。

根据以上计算出的各流量情况下的最优比摩阻、最优流速，针对不同管径的毛细管列出水力计算表见表6-4。

表6-4 毛细管PB管道水力计算表

($K=0.01$mm, $t=20℃$, 密度$\rho=998.22$kg/m³, 黏度$\nu=1.01\times10^{-6}$m²/s)

DN/mm	15		20		25		32		40		50	
外径×厚度 /mm×mm	20×2.0		25×2.3		32×3.0		40×3.7		50×4.6		63×5.8	
G	v	R	v	R	v	R	v	R	v	R	v	R
60	0.094	14.7	0.053	4.652	0.034	1.905						
80	0.126	19.6	0.071	6.202	0.045	2.54						
100	0.157	24.5	0.089	7.753	0.057	3.176						
120	0.189	29.4	0.106	9.303	0.068	3.811						
140	0.22	69.02	0.124	10.85	0.079	4.446						
160	0.252	87.19	0.142	22.23	0.091	5.081						
180	0.283	107.2	0.159	27.32	0.102	9.467						
200	0.315	128.8	0.177	32.86	0.113	11.38						
220	0.346	152.2	0.195	38.82	0.125	13.45						
240	0.378	177.3	0.213	45.2	0.136	15.66						
260			0.23	52	0.147	18.02						
280			0.248	59.2	0.159	20.51	0.097	6.35				
300			0.266	66.8	0.17	23.14	0.104	7.165				
320			0.283	74.79	0.181	25.91	0.111	8.021				
340			0.301	83.16	0.193	28.81	0.118	8.919				
360			0.319	91.9	0.204	31.84	0.125	9.858				
380			0.336	101	0.215	35	0.131	10.84				
400			0.354	110.5	0.227	38.29	0.138	11.85				
420			0.372	120.4	0.238	41.7	0.145	12.91				
440			0.39	130.6	0.249	45.24	0.152	14				
460			0.407	141.1	0.261	48.9	0.159	15.14				
480			0.425	152	0.272	52.68	0.166	16.31				
500			0.443	163.3	0.283	56.58	0.173	17.52				
600					0.34	77.85	0.208	24.1	0.133	8.35		
750					0.425	115	0.259	35.61	0.166	12.34		
900					0.51	158.3	0.311	49	0.199	16.98		
1050							0.363	64.17	0.232	22.23		

续表 6 - 4

DN/mm	15		20		25		32		40		50	
外径×厚度/mm×mm	20×2.0		25×2.3		32×3.0		40×3.7		50×4.6		63×5.8	
G	v	R	v	R	v	R	v	R	v	R	v	R
1200							0.415	81.06	0.266	28.09	0.17	9.731
1350							0.467	99.61	0.299	34.51	0.191	11.96
1500							0.519	119.8	0.332	41.5	0.213	14.38
1750							0.605	156.9	0.387	54.35	0.248	18.83
1900									0.421	62.77	0.269	21.75
2050									0.454	71.69	0.29	24.84
2200									0.487	81.13	0.312	28.11
2400									0.531	94.47	0.34	32.73
2600									0.576	108.7	0.368	37.65
2800									0.62	123.7	0.397	42.87
3050									0.675	143.7	0.432	49.79
3300									0.731	164.9	0.468	57.15
3550											0.503	64.94
3800											0.538	73.15

注：表中水流量 G 的单位为 kg/h；流速 v 的单位为 m/s；比摩阻 R 的单位为 Pa/m。

管内的平均水温不同，水的物性参数会发生变化，从而影响比摩阻。在查取水力计算表的数据时，应该确定表中数据对应的介质平均温度与设计值一致，否则需通过公式进行修正：

$$R_t = Ra \qquad (6-24)$$

式中，R_t 为冷媒在设计温度和设计流量下的比摩阻，Pa/m；R 为设计流量和某一温度时查表得到的比摩阻，Pa/m；a 为比摩阻修正系数，见表 6-5。

表 6-5 比摩阻修正系数

冷媒平均温度/℃	10	15	20	25	30	35	40	45	50
修正系数 a	1.034	1.017	1.00	0.971	0.94	0.93	0.92	0.92	0.87

表 6-5 中的修正系数是以 20℃ 为基准进行修正的，当表中的热媒温度基准不是 20℃ 时，可以将对应的修正系数相除即可。从表中数据可看出，塑料管材的阻力损失随着温度的降低而增大。

6.2.3 毛细管平面空调系统末端装置的水力计算

毛细管平面空调系统末端装置设多个环路时，装设分（集）水器。分水器将来自热交换器的冷水按需要分为多路；集水器将多路回水集中，便于输送回热交换器再冷。每个环路应当尽量做到同程式，相邻的毛细管网席有相同的长度或者压力损失，这样毛细管系统多个环路之间的压损大致相同。

根据负荷计算可求出所需流量，选取供冷（暖）用的毛细管网型号，就可以对毛细管网进行水力计算。计算时，从最长的水管和最大的毛细管网席或压损最大的网席开始。

在毛细管平面空调系统的末端装置毛细管网中，把水流量和管径没改变的毛细管网称为一个计算管网。管网是由若干管径在 3~5mm 的毛细管并联而成，系统的末端装置则由若干的毛细管并联而成，所以各根毛细管之间的流量、压损的关系如下：

毛细管网席的总流量为各并联管路流量之和：

$$G = G_1 + G_2 + G_3 + \cdots + G_n \tag{6-25}$$

并联环路节点压力平衡：

$$\Delta P = \Delta P_1 = \Delta P_2 = \Delta P_3 = \cdots = \Delta P_n \tag{6-26}$$

在进行毛细管网席的水力计算时，管路的局部阻力损失计算是较为重要的部分。毛细管系统网路的连接较为简单，一般采用热熔焊或者快速接头连接，局部构件相对较少，因此可按照对沿程阻力的附加处理方法，有必要对毛细管系统的局部阻力进行较为准确的计算。

6.2.3.1 沿程阻力损失的计算

首先计算一个管网系统，选取 G 型毛细管网（见图 1-4(c)）作为研究对象，长×宽 = $l \times b$。每根毛细管的沿程阻力计算公式为：

$$\Delta P_{y1} = \lambda_1 \frac{l}{d_1} \frac{\rho u_m^2}{2} \tag{6-27}$$

式中，ΔP_{y1} 为毛细管管段的沿程损失，Pa；λ_1 为管段的摩擦阻力系数；d_1 为管子内径，m；u_m 为冷媒在毛细管网的单根细管中的流速，m/s；ρ 为冷媒的密度，kg/m³。

当 $Re < 2300$（层流）时：

$$\lambda_1 = \frac{64}{Re} \tag{6-28}$$

$$Re = \frac{u_m d_1}{\nu} \tag{6-29}$$

6.2.3.2 局部阻力损失的计算

在进行毛细管网的水力计算时，管网的局部阻力损失计算是较为重要的部分。

管网的局部阻力损失一般不逐项计算，而是按占管席的摩擦阻力损失的百分比进行估算，为了准确确定此百分比，需要对毛细管席的局部阻力进行较为准确的计算。

采用当量长度法对管道附件进行逐项计算，得出附件产生的局部阻力占沿程阻力的百分比，可缩小局部阻力的取值范围，减少水力计算时的误差。

局部阻力的计算式为：

$$\Delta P_{\mathrm{j}} = S_{\mathrm{z}} \frac{\rho u_{\mathrm{m}}^2}{2} \qquad (6-30)$$

式中，S_{z} 为计算管席中局部阻力系数的总和。

对于 G 型、S 型、U 型 3 种常见的毛细管席类型（见图 1-4），毛细管席的集水管与毛细管席中的毛细管之间的接头方式有多种情况，如图 6-12 所示。毛细管席制作时为了减小毛细管局部阻力损失，最好采用流线进口或者是圆角进口。

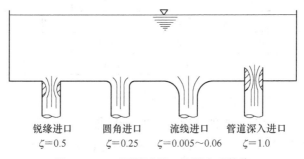

图 6-12　不同管道进口的阻力系数值

在 S 型、U 型的毛细管网席中，弯管产生的局部阻力损失是不能被忽视的。弯管是一种典型的局部阻力，它只改变流动方向，不改变平均流速的大小。方向的改变不仅使弯管的内侧和外侧可能出现两个漩涡区，而且还产生了如下所述的二次流现象，如图 6-13 所示。沿着弯道运动的流体质点具有离心惯性力，它使

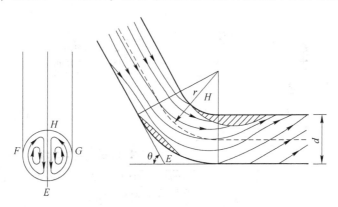

图 6-13　弯管中的水流

弯管外侧（图 6-13 中 E 处）的压强增大，内侧的（H 处）的压强减小。而弯道左右两侧（F、G）由于靠管壁附近的流速很小，离心力也小，压强的变化不大。于是沿图 6-13 中的 EFH 和 EGH 方向出现了自外向内的压强坡降。在它的作用下，弯管内产生了一对如图所示的涡流。这个二次流和主流叠加在一起，使通过弯管的流体质点做螺旋运动，这加大了弯管的水头损失。

在弯道内形成的二次流，消失较慢，因而加大了弯管后面的影响长度。弯道的影响长度最大可超过 50 倍的管径。

弯管的几何形状决定于转角 θ 和曲率半径与管径之比 $\alpha = r/d$。给出 $Re = 10^6$ 时 4 种转角的弯管的阻力系数，见表 6-6。

表 6-6　$Re = 10^6$ 时弯管的阻力系数

断面形状	曲率半径与管径之比 α	转角 θ			
		30°	45°	60°	90°
圆形	0.5	0.120	0.270	0.480	1.00
	1.0	0.058	0.100	0.150	0.246
	2.0	0.066	0.089	0.112	0.159

分析以上数据，可看出：曲率半径与管径之比 α 对管弯阻力系数的影响很大，尤其是在 $\theta > 60°$ 和 $\alpha < 1$ 的情况下，进一步减小 α 会使得 ζ 值急剧增大。

下面取常用的毛细管席进行讨论，集水管尺寸为 20mm × 2mm；毛细管网席型号为 S 型、U 型、G 型，3.35mm × 0.55mm；毛细管管间距取 10mm、15mm、20mm；毛细管席长度为 600 ~ 6000mm；宽度设定为 1m，利于计算单位宽度的毛细管席的局部阻力损失（供回水平均温度为 17℃）。

（1）选用 S 型毛细管席，计算不同流速情况下的单位长度管席局部阻力损失，绘出毛细管席局部阻力占沿程阻力百分比的曲线图，如图 6-14 ~ 图 6-16 所示。

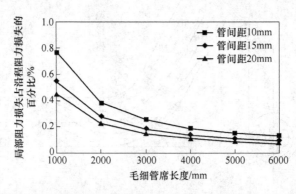

图 6-14　流速 0.05m/s 时，不同管间距的 S 型毛细管席局部阻力占沿程阻力百分比

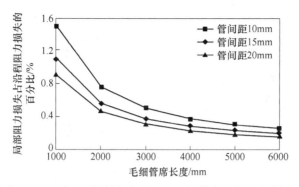

图 6-15 流速 0.1m/s 时, 不同管间距的 S 型毛细管席局部阻力占沿程阻力百分比

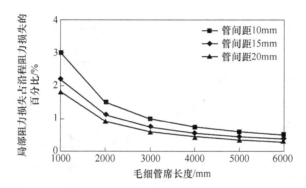

图 6-16 流速 0.2m/s 时, 不同管间距的 S 型毛细管席局部阻力占沿程阻力百分比

由图 6-14 ~ 图 6-16 可以看出, 随着流速的增大, 相同条件下毛细管网席的局部阻力损失占沿程阻力的百分比明显增大。例如, 管间距为 10mm 时的网席在流速为 0.1m/s 时, 局部压损占沿程阻力的百分比为 1.5%, 而当流速增大到 0.2m/s 时, 局部压损占沿程阻力的百分比增大到 3.0%, 后者约为前者的两倍。流速对毛细管网席的局部阻力损失的影响不能忽略。

同时, 流速和管席长度确定时, 比较不同管间距的毛细管网席可看出, 小管间距的局部压损占沿程阻力的百分比较大。例如, 流速为 0.1m/s 时, 管席长度取 1m 时, 管间距为 10mm、15mm 和 20mm 的网席的局部压损占沿程阻力的百分比分别为 1.50%、1.11%、0.91%, 呈逐渐减小的趋势, 最大最小值之间相差达到 64.6%。在流速为 0.05m/s 和 0.2m/s 时, 这种趋势仍然存在, 最大最小值差别也达到 63.7%、68.9%, 并且这种差距随着流速的增大而增大。此外, 毛细管网席的长度对局部压损占沿程阻力百分比的影响是很明显的, 百分比值随着网席长度的增大而减小, 但是变化趋势随着网席长度逐渐减缓。

(2) 选用 U 型毛细管席, 计算不同流速情况下的单位长度管席局部阻力损失, 绘出毛细管席局部阻力占沿程阻力百分比的曲线图, 如图 6-17 ~ 图 6-19 所示。

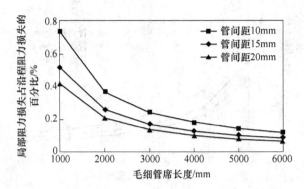

图 6-17　流速 0.05m/s 时，不同管间距的 U 型毛细管席局部阻力占沿程阻力百分比

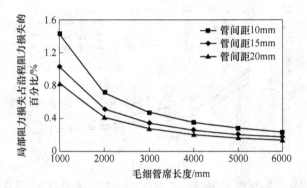

图 6-18　流速 0.1m/s 时，不同管间距的 U 型毛细管席局部阻力占沿程阻力百分比

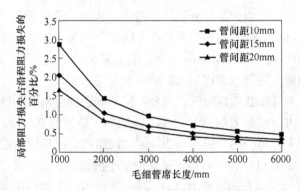

图 6-19　流速 0.2m/s 时，不同管间距的 U 型毛细管席局部阻力占沿程阻力百分比

　　比较图 6-17~图 6-19，流速、管间距和网席长度对 U 型毛细管席和 S 型网席的局部压损占沿程阻力百分比的影响的趋势是大体相同的，但是在具体的数值上存在一些差别，U 型毛细管席的局部压损占沿程阻力百分比大约是 S 型网席的 1.1 倍。例如：在流速为 0.1m/s，管间距为 15mm，网席长度为 1m 时，U 型

毛细管席和 S 型网席的局部压损占沿程阻力百分比分别为 1.04%、1.11%，后者为前者的 1.07 倍。

（3）选用 G 型毛细管席，计算不同流速情况下的单位长度管席局部阻力损失，绘出毛细管席局部阻力占沿程阻力百分比的曲线图，如图 6-20～图 6-22 所示。

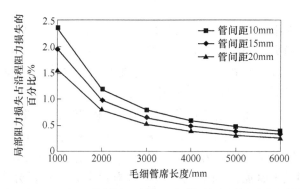

图 6-20　流速 0.05m/s 时，不同管间距的 G 型毛细管席局部阻力占沿程阻力百分比

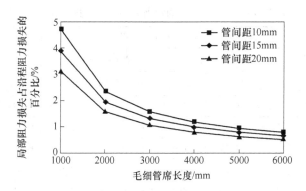

图 6-21　流速 0.1m/s 时，不同管间距的 G 型毛细管席局部阻力占沿程阻力百分比

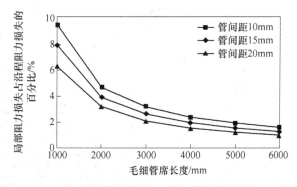

图 6-22　流速 0.2m/s 时，不同管间距的 G 型毛细管席局部阻力占沿程阻力百分比

通过图 6-20 ~ 图 6-22 与图 6-17 ~ 图 6-19 的比较，相同条件下，G 型毛细管席的局部阻力占沿程阻力的百分比要比 S 型、U 型管席的大很多，并且百分比的变化范围也较大，从 0.3% 变化到 10%。例如，在流速为 0.1m/s，管间距为 15mm，网席长度为 1m 时，U 型毛细管席和 S 型网席的局部压损占沿程阻力百分比分别为 1.04%、1.11%，而 G 型毛细管席的局部压损占沿程阻力百分比高达 3.94%。

不同形式的毛细管席局部阻力占沿程阻力的百分比不尽相同，可见局部阻力损失占沿程阻力损失百分比的选取相当重要。S 型和 U 型管席中，局部阻力占沿程阻力的百分比范围分别在 0.1% ~ 2.8%、0.1% ~ 3.0%，两种类型相差不大，而 G 型网席的变化范围相对而言要大很多。

对以上 3 种管席，随着毛细管席流速增大，毛细管席局部阻力损失占沿程阻力损失均明显增大；管间距的增大，管席局部阻力损失占沿程阻力损失百分比减小；毛细管席长度的增长使得局部阻力损失占沿程阻力损失百分比减小。

具体的不同毛细管席的局部阻力损失占沿程阻力损失百分比时可以通过表 6-7 进行查询。

表 6-7　不同形式的管网局部阻力损失的确定　　　　　　（%）

G 型毛细管网局部阻力损失占沿程阻力损失的百分比								
管内流速	管间距 10mm			管间距 15mm			管间距 20mm		
毛细管席长度	0.05m/s	0.1m/s	0.2m/s	0.05m/s	0.1m/s	0.2m/s	0.05m/s	0.1m/s	0.2m/s
1000mm	2.361	4.723	9.447	1.968	3.936	7.873	1.574	3.149	6.298
2000mm	1.180	2.361	4.7238	0.984	1.968	3.936	0.787	1.574	3.149
3000mm	0.787	1.574	3.149	0.656	1.312	2.624	0.524	1.049	2.099
4000mm	0.590	1.180	2.361	0.492	0.984	1.968	0.393	0.787	1.574
5000mm	0.472	0.944	1.889	0.393	0.787	1.574	0.314	0.629	1.259
6000mm	0.393	0.787	1.574	0.328	0.656	1.312	0.262	0.524	1.049

U 型毛细管网局部阻力损失占沿程阻力损失的百分比								
管内流速	管间距 10mm			管间距 15mm			管间距 20mm		
毛细管席长度	0.05m/s	0.1m/s	0.2m/s	0.05m/s	0.1m/s	0.2m/s	0.05m/s	0.1m/s	0.2m/s
1000mm	0.73	1.432	2.865	0.519	1.039	2.078	0.421	0.842	1.684
2000mm	0.37	0.716	1.432	0.259	0.51	1.039	0.210	0.42	0.842
3000mm	0.24	0.477	0.955	0.173	0.346	0.692	0.140	0.280	0.561
4000mm	0.18	0.358	0.716	0.129	0.259	0.519	0.105	0.210	0.421
5000mm	0.147	0.286	0.573	0.103	0.207	0.415	0.084	0.168	0.336
6000mm	0.13	0.238	0.477	0.086	0.173	0.346	0.07	0.140	0.280

S型毛细管网局部阻力损失占沿程阻力损失的百分比								
管内流速 毛细管席长度	管间距10mm			管间距15mm			管间距20mm		
	0.05m/s	0.1m/s	0.2m/s	0.05m/s	0.1m/s	0.2m/s	0.05m/s	0.1m/s	0.2m/s
1000mm	0.77	1.502	3.005	0.554	1.109	2.218	0.456	0.9124	1.8249
2000mm	0.38	0.751	1.502	0.277	0.5546	1.109	0.228	0.456	0.912
3000mm	0.26	0.50	1.001	0.184	0.3697	0.739	0.152	0.304	0.608
4000mm	0.19	0.375	0.751	0.138	0.277	0.554	0.114	0.228	0.456
5000mm	0.15	0.30	0.601	0.110	0.221	0.443	0.091	0.182	0.364
6000mm	0.13	0.250	0.501	0.092	0.184	0.369	0.076	0.152	0.304

6.2.3.3 毛细管网席压损速查表的制定

压损包括沿程阻力损失和局部阻力损失，通过以上对毛细管末端系统的沿程阻力损失和局部阻力损失的研究，为了方便计算毛细管末端系统的压损，根据式（6-31）对不同形式管席进行阻力损失计算，编制计算程序，做出可快捷查询的单位面积毛细管网席不同流量下的压力损失查阅图，如图6-23~图6-28所示。

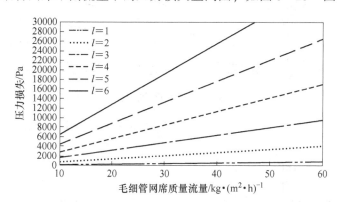

图6-23 U型3.35mm×0.55mm、管间距10mm的毛细管席的压力损失

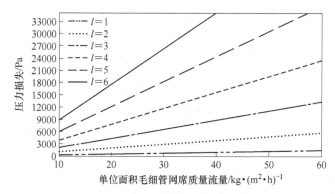

图6-24 U型3.35mm×0.55mm、管间距15mm的毛细管席的压力损失

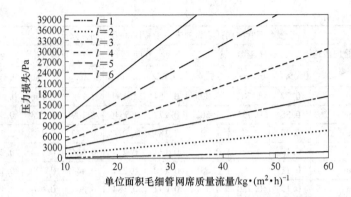

图 6 – 25   U 型 3.35mm × 0.55mm、管间距 20mm 的毛细管席的压力损失

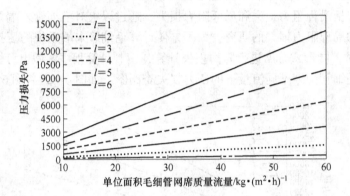

图 6 – 26   U 型 4.5mm × 0.8mm、管间距 10mm 的毛细管席的压力损失

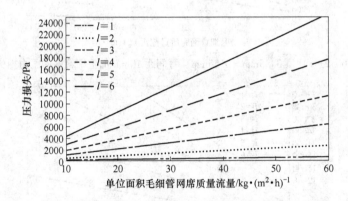

图 6 – 27   U 型 4.5mm × 0.8mm、管间距 15mm 的毛细管席的压力损失

计算管网的压力损失：

$$\Delta P_{\mathrm{W}} = \Delta P_{\mathrm{y}} + \Delta P_{\mathrm{j}} \qquad (6 - 31)$$

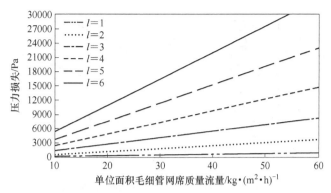

图 6 – 28 U 型 4.5mm×0.8mm、管间距 20mm 的毛细管席的压力损失

相同类型的毛细管网席中,相同单位面积流量的情况下,毛细管管间距的增大会导致单位面积网席中毛细管根数的降低,从而增大每根毛细管中的水流量,导致流速增大,压损增大,由图 6 – 23 ~ 图 6 – 25 可看出,管间距越大,单位面积压力损失越大。如流量均为 20kg/(m² · h) 时,取 $l = 2$m 时,管间距 10mm、15mm、20mm 3 种类型的管席的压力损失分别为 1417.18Pa、1962.25Pa、2550.93Pa,三者中相差最大的高达 80%。

通过前面的研究可知道,单位面积毛细管网席的传热量随着毛细管管间距的增大而减小。同样的,通过对毛细管网席压损的分析,在单位面积流量一定的情况下,管间距越大单位面积压损越大,这样不利于水泵能耗的降低,管间距取值也不宜太大。

同样的 U 型管网席,增大管径时会降低压损。比较管间距均为 15mm、管席长 $l = 1$m、流量均为 20kg/(m² · h) 时,U 型网席 3.35mm×0.5mm 管型和 4.5mm×0.88mm 型的压损分别为 490.56Pa、236.58Pa,相差达到 52%,并且管间距越小这种差异越大。为了降低压损,可适当选择较大管径的毛细管网席。

毛细管网席内水流速为 0.05 ~ 0.2m/s,小管径或者小流量情况下,管内水流可为层流状态,这对于降低毛细管网压损是有效的。当毛细管管径增大到一定值时,毛细管内水流将处于紊流状态,为保持管内水流为层流,由式 (6 – 31) 得出:

$$\frac{u_m d_1}{\nu} \leqslant 2300 \qquad 0.05\text{m/s} < u_m < 0.2\text{m/s} \qquad d_1 < 0.010\text{m}$$

即管内径最大不能超过 10mm。

图 6 – 29 ~ 图 6 – 34 所示为 G 型管席在两种管径、不同管间距下的毛细管席的压力损失。

无论网席型号如何,压损均随着单位面积流量的增大而增大。一定单位面积流量的情况下,管间距和管径对 G 型压损的影响与对 U 型、S 型压损影响类

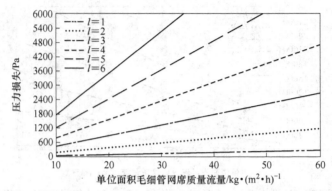

图 6 - 29　G 型 3.35mm ×0.55mm、管间距 10mm 的毛细管席的压力损失

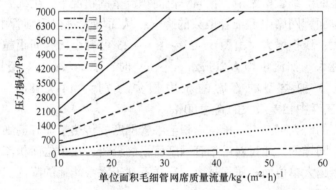

图 6 - 30　G 型 3.35mm ×0.55mm、管间距 15mm 的毛细管席的压力损失

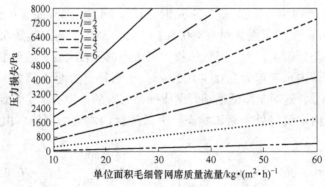

图 6 - 31　G 型 3.35mm ×0.55mm、管间距 20mm 的毛细管席的压力损失

似。但是，G 型管席的压损比 U 型、S 型的压损要小。从降低水泵能耗方面考虑，建议选择 G 型网席。U 型、S 型因管席的形式相近，对于 S 型网席压力损失的查取，可通过查出与其相似的 U 型网席的压力损失后，乘以修正系数 1.1得到。

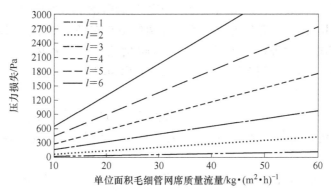

图 6 – 32　G 型 4.5mm × 0.8mm、管间距 10mm 的毛细管席的压力损失

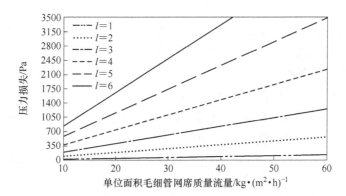

图 6 – 33　G 型 4.5mm × 0.8mm、管间距 15mm 的毛细管席的压力损失

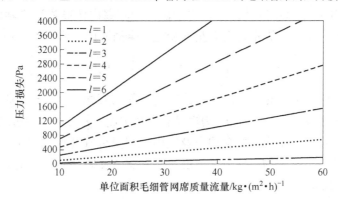

图 6 – 34　G 型 4.5mm × 0.8mm、管间距 20mm 的毛细管席的压力损失

6.3　新风系统

6.3.1　新风送风量计算

新风是空调系统不可缺少的组成部分，它可以改善室内的空气质量，还可以

去除室内的潜热负荷。但是新风也会带来空调系统能耗的增加。所以新风量的确定是个优化问题，从能耗角度看，其最佳值应该是在满足卫生要求后取最小值，实际应用中还要考虑房间舒适度，室内污染物浓度、平衡排风保持室内正压等，对于毛细管平面辐射空调系统，还要考虑房间内除湿等问题。

6.3.1.1　新风量选取原则

（1）满足人员卫生要求。根据《公共建筑节能设计标准》（GB 50189—2015），办公建筑的新风量取 30m³/（人·h），为满足人员卫生要求的最低新风量。

（2）满足去除房间湿负荷的要求。根据湿平衡方程，新风量为：

$$V = \frac{D}{\rho(d_n - d_s)} \qquad (6-32)$$

式中，V 为房间送风量，m³/h；D 为房间湿负荷，g/h；ρ 为新风密度，kg/m³；d_n 为室内空气含湿量，g/kg；d_s 为新房送风含湿量，g/kg。

6.3.1.2　最小新风量计算

A　新风机组启动阶段房间内含湿量动态变化

室内设计温度和相对湿度设定后，室内的含湿量是定值，对于连续运行的毛细管平面辐射空调系统是有效的。但对于间歇运行的办公类建筑，运行该系统时，须先启动新风机组，然后启动冷水机组，以免室内结露。启动阶段，室内含湿量随时间变化。

由于污染物在空气中的扩散与空气中"湿"的传递在本质上都属于质迁移，因此，可以用 ASHRAE 62—2007 标准给出的计算室内污染物浓度随时间变化的全面通风稀释方程，计算室内含湿量的变化。全面通风稀释方程为：

$$C = \left(C_i + \frac{Q_p}{\rho V}\right)\left[1 - \exp\left(-\frac{V}{V_r}\tau\right)\right] + C_0\exp\left(-\frac{V}{V_r}\tau\right) \qquad (6-33)$$

式中，C 为室内污染物的浓度，g/m³；V_r 为房间的容积，m³；τ 为通风时间，h；C_0 为有害物初始浓度，g/m³；C_i 为送风有害物浓度，g/m³；V 为送风量，m³/s。

将送风含湿量、室内初始含湿量及室内散湿量分别替换式（6-33）中送风有害物质量浓度、有害物初始质量浓度及有害物散发量，可得出在送风量及送风含湿量不变的情况下，室内任何时刻的含湿量 d_n 为：

$$d_n = \left(d_s + \frac{D}{\rho V}\right)\left[1 - \exp\left(-\frac{V}{V_r}\tau\right)\right] + d_0\exp\left(-\frac{V}{V_r}\tau\right) \qquad (6-34)$$

式中，d_0 为室内初始含湿量，g/kg；D 为室内散湿量，g/h。

B　新风机组启动阶段房间内温度动态变化

假设毛细管平面辐射空调系统运行前室内外达到充分的热湿平衡，即室内初始状态参数为空调室外设计参数。室外大气压和温度记为 p_1，t_1，送入的新风压

力和温度记为 p_2，t_2，质量流量 q_m，送入的新风与室内空气均匀混合，排风从房间的另一侧排出，排风量等于新风量。房间物理模型如图6-35所示。下面以图6-35中的室内空间为控制体积，计算室内温度随时间变化的关系式。

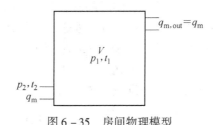

图6-35 房间物理模型

房间的储存能只考虑热力学能 U，以质量流量表达的能量方程为：

$$\Phi = \frac{\mathrm{d}U_{CV}}{\mathrm{d}\tau} + h_{out}q_{m,out} - h_{in}q_{m,in} + P_s \qquad (6-35)$$

假设房间不与外界换热，$\Phi = 0$，$p_s = 0$；$q_{m,out} = q_{m,in} = q_m$，室内空气看作理想气体，$U = mc_V T$，$h = c_p T$，$\kappa = \dfrac{c_p}{c_V}$，代入式（6-35），则

$$\frac{c_V(m\mathrm{d}T + T\mathrm{d}m)}{\mathrm{d}\tau} + q_m(h - h_{in}) = 0 \qquad (6-36)$$

房间内空气质量不变，与初始状态相同，因而 $\mathrm{d}m = 0$，$m = \dfrac{p_1 V}{R_g T_1}$。

式（6-36）分离变量后积分，得

$$T = T_2 + (T_1 - T_2)\exp\left(\frac{-\kappa q_m}{m}\tau\right) \qquad (6-37)$$

式（6-37）即为室内温度动态变化关系式。

C 预除湿时间计算

本节将新风系统启动至某一时刻 τ 满足 $t_d < t$，定义 τ 为毛细管平面辐射空调系统预除湿时间，其中，t_d 为室内空气露点温度，t 为毛细管辐射顶板表面温度。

由式（6-34）和式（6-37）计算出，室内在任何时刻空气的含湿量和温度，查 $i-d$ 图，得出室内任何时刻空气的露点温度 t_d。满足 $t_d < t$ 的时刻 τ，即为所求的预除湿时间。

D 实例计算

以济南市某一安装有毛细管平面辐射空调系统的普通办公室为例，房间大小为 $9m \times 6m \times 3.6m$，房间内有6个人，两盆植物，空调设计参数如下：

（1）空调夏季室外设计温度 $34.8℃$，室外通风计算相对湿度 56%；室内设计温度 $27.6℃$，由于毛细管平面辐射空调系统在满足室内相同舒适度的条件下，夏季室内设计温度可以提高 $1.6℃$，相对湿度 50%。

（2）毛细管网末端冷水供水温度为 18℃，回水 21℃，其表面温度取供回水的平均温度 19.5℃，新风系统采用溶液除湿。

（3）人员散湿量按 109g/（人·h）计算，空气密度为 1.2kg/m³。

最小新风量及送风含湿量计算：计算房间内有 6 个人，两盆植物，根据植物蒸发散湿量计算湿负荷附加系数 α 为 1.33，考虑室内敞开水面增加的湿负荷，α 取 1.35，则计算房间的总湿负荷 D 为 882.9g/h；新风量取满足人员卫生要求的最低新风量 30m³/（人·h），所以新风送风量为 180m³/h。

室内在设计温度 27.6℃，相对湿度 50% 的条件下，室内空气含湿量 d_n 为 11.7g/kg。根据湿平衡方程 $V = \dfrac{D}{\rho(d_n - d_s)}$，计算出新风送风含湿量 d_s 为 7.6g/kg。

预除湿时间计算：根据式（6-34）和式（6-37），计算新风开启一段时间后，室内空气温度和含湿量的值，见表6-8。

表6-8　室内温度和含湿量

开启时间/min	10	20	30	40	50	60	70
室内温度/℃	32.57	30.81	29.41	28.29	27.41	26.71	26.15
室内含湿量/g·kg⁻¹	18.7	17.75	16.94	16.25	15.65	15.14	14.7

查 $i-d$ 图，得到新风开启 70min 时，室内露点温度才会降到 $t_d = 19.5℃$，等于毛细管末端表面的平均温度。考虑毛细管末端有一定的蓄冷性，假设其蓄冷时间为 10min，这时还需要新风系统开启 60min 后，开启毛细管末端，室内才不会结露。新风启动时间过长，不利于运行管理和节能，因此，需要减少预除湿时间，加大新风送风量。表6-9 是新风量分别增大到根据满足人员卫生要求最低新风量的 1.1 倍、1.2 倍、1.3 倍和 1.4 倍时，计算的预除湿时间。

表6-9　预除湿时间

新风增大倍数	1.1	1.2	1.3	1.4
预除湿时间/min	50	40	33	30

由表6-9可知，新风量增大到原来的 1.3 倍时，预除湿时间 33min，增加到 1.4 倍时，预除湿时间 30min，时间减少很小。风量加大会增加风机的能耗，因此从经济和运行管理角度考虑，济南地区该空调系统新风量增大到满足人员卫生要求最低新风量的 1.3 倍时，就可满足要求。此时，人均送风量为 39m³/h。

6.3.2　最小新风量的确定

新风采用溶液除湿方式，不仅可以和毛细管辐射顶板共用高温冷水，还可以根据房间送风温度需要改变冷水的流量，从而得到合适的送风温度。因为新风系统采用下送风的方式，考虑房间的舒适性，送风温度不宜过低，新风送风温度一般取 22~24℃。

根据 6.3.1 节的计算结果，当新风量取满足人员卫生要求的最低新风量 30m³/(人·h) 时，除去房间湿负荷，计算出的新风送风含湿量为 7.6g/kg，查焓湿图可以得到此时新风的送风相对湿度为 42.8%。新风正常运行阶段，取满足人员卫生要求的最低新风量 30m³/(人·h) 就可满足房间的除湿要求。

考虑房间预除湿时间，新风机组启动阶段的新风量取满足人员卫生要求最低新风量的 1.3 倍较合适，此时的预除湿时间可以控制在 30min 左右，便于运行管理。

6.4 毛细管平面辐射空调控制系统

毛细管平面辐射空调主要以辐射方式进行辐射换热，室内温度场和速度场均匀、舒适，而且没有吹风感和噪声，是一种健康、舒适的空调系统。该空调系统还具有换热面积大，热交换率高的特点，有显著的节能性；同时由于其管径较小，安装也极为方便，还可以节省建筑空间。虽然毛细管平面辐射空调系统具有以上各种优点，但由于其本身不具有除湿能力，需要与置换新风系统结合使用，由置换新风系统承担全部的室内潜热负荷。尽管这样，该空调系统，在夏季使用时，由于室外空气湿度比较大，如果控制不恰当，容易在毛细管表面产生结露现象。

本节将根据毛细管平面辐射空调系统的特点，设计一种适用于该空调系统的露点温度控制系统，通过对冷冻水流量的间歇控制，确保该系统不结露。

6.4.1 毛细管平面辐射空调系统结露过程分析

6.4.1.1 形成结露的原因

毛细管顶板结露的根本原因是顶板表面温度低于室内空气露点温度，室内空气在顶板表面因遇冷而产生结露。出现这种现象的原因有：毛细管顶板供回水温度过低；室内设计相对湿度过高；开启门、窗，使含湿量高的室外空气进入空调房间；室内人员超过设计时考虑的人员总量；设计时未考虑全面房间内的散湿源，导致房间湿负荷增大。

6.4.1.2 结露的形成过程

文献 [26] 通过对一个典型办公房间顶板结露的过程进行分析，得出：即使在毛细管顶板周围的空气达到饱和后，凝结水也要花费 1.01~10.79h 才能达到与人的头发直径相同的厚度。

因此，凝结水的形成是个极其缓慢的过程，只要系统环路的控制合理有效，结露现象是很容易避免的。

6.4.1.3　控制结露的方案

毛细管顶板结露不仅影响美观、恶化室内环境，还影响其制冷效果。结露会在表面产生水渍，容易导致细菌滋生，吸附灰尘等。

从形成结露的根本原因分析，改变这种现象主要有两种方案：一是提高毛细管顶板表面温度；二是降低室内空气的露点温度。

6.4.2　控制方式的比较

传统空调系统以温度为控制参数的主要有两种：一是压差控制，在空调系统末端设电动二通阀，依据设在室内的温度感应器输出的数据自动调节阀门开度；二是温度控制，通过比较室内温度传感器的输出值与室内设计值的大小，改变供水温度。

根据系统运行特性、空调类别和使用要求的不同，辐射空调的控制方式有多种。可以把其控制参数分为输入变量、控制变量和操控变量等。

6.4.2.1　根据操纵变量辐射空调控制方式的分类

操控变量是自动控制系统中要改变的参数。根据操控变量不同可将辐射空调的控制系统分为 4 类：供水温度控制、供水流量控制、供水温度与流量同时控制和热流量控制，具体分类如图 6 - 36 所示。

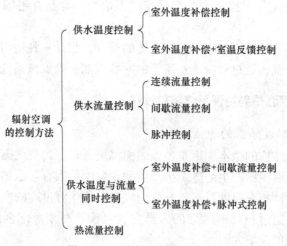

图 6 - 36　辐射空调控制方式

A　供水温度控制

通过采用定流量，改变供水温度的方式对末端进行调节的控制方式是供水温度控制。控制系统测试到室内负荷变化后，将信号传递给机房控制系统，然后根据变化量的大小，调整机组负荷加载率，从而改变供水温度的变化。这种控制方式的优点是：控制方式容易实现，机组运行稳定，末端用户不会出现流量过多过少现象。缺点是：机组能耗和水泵能耗高，节能效果不明显，可能出现大流量小温差现象；温度的控制有延迟性，负荷改变反应到末端的温度变化有一个过程，无法适合室内负荷的多变性；空调水系统温差较小，无法进行质调节。

毛细管平面辐射空调系统夏季供冷时，供回水有最高限制（供水温度一定要低于室内空气调节的设计温度）和最低限制（毛细管表面温度要高于室内空气的露点温度），因此当室内温度或者负荷偏离设计值较大时，温度的调节范围变窄，系统不能正常的运行。

B 供水流量控制

根据末端负荷的变化调节用户的循环流量，供水流量控制不会改变供水温度。变流量控制是把供回水温度、流量、负荷与设计工况下进行比较，根据式（6-38）确定新工况下系统的流量：

$$G = \frac{Q}{Q_0} G_0 \frac{t_{g0} - t_{h0}}{t_g - t_h} \tag{6-38}$$

式中，G 为实际需要流量，kg/h；G_0 为设计工况下的流量，kg/h；t_{g0}、t_{h0} 分别为设计工况下的供回水温度，℃；t_g、t_h 分别为实际运行时的供回水温度，℃。

常用的变流量控制方式有：连续性变流量控制和间歇流量控制。连续性变流量控制是根据室内温度的变化，实时地改变电动二通阀的开度，从而控制室内温度在要求的波动范围内。间歇性流量控制是根据室内温度或负荷的变化，打开或关闭电动二通阀的方式，对室内温度进行调节。间歇性流量控制操作简单，控制系统容易设置。辐射空调系统一般都具有蓄热、蓄冷的特性，采用该控制方式不仅简单易行，而且节约能源。

C 供水温度、流量控制

对供水温度与流量同时进行控制，不仅有利于系统的稳定运行，同时也弥补了分别采取流量调节与温度调节的不足。该控制方式既可以通过流量调节快速改变系统的负荷值，也可以控制供水温度调节的范围，有利于节能。但是该控制方式比较复杂，采用这种控制方式时，必须清楚地认识当地的室外气象条件及建筑物的负荷分布，并充分考虑机组和末端的特性，使系统运行时不会出现偏差。

毛细管平面辐射空调系统的舒适性已经得到了验证，控制方案的设计主要是控制毛细管顶板表面出现结露现象，即能够控制毛细管顶板表面的温度高于室内空气的露点温度即可，因此采用简单和初投资较小的控制方式就能满足要求。

6.4.2.2 根据输入参数辐射空调控制方式的分类

与传统空调系统的控制方式相同，毛细管平面辐射空调系统也是以室内的温湿度为控制目标的，以达到良好的室内舒适效果。供回水温度对室内温度的影响很大，所以控制供回水温度与室内作用温度相适应很重要。考虑辐射空调易结露的特点，湿度控制尤其重要。

A　室外温度补偿控制

任何空调系统的室内负荷都受到室外温度的影响，如果能找出两者之间的比例关系，可以根据室外空气温度的变化控制供水温度，以达到控制室内温度的目的。该控制方法对于室外气温的变化，能很好地控制；对于调节室内气温的扰动变化调节效果也很好，但是对于透过玻璃窗的太阳辐射形成的负荷及室内负荷变化的调节不稳定。

对于毛细管平面辐射空调系统，室外温度是重要的输入参数，采用室外温度补偿控制方式，对于室外气温变化的控制有很好的稳定性，而且能很好地调节室内气温的扰动变化。但是仅采用室外温度补偿控制很难控制毛细管顶板结露的问题，需要与其他输入参数一起控制。

B　室温反馈控制

室内温度是直接反应室内舒适性的重要参数，因此室内温度控制是最基本的一个控制点。通过直接测到的室内温度，可以直观地反应室内的舒适性。但是现在的空调系统控制，不仅要满足于室内温度舒适控制，还要控制合理的湿度、新风量和满足室内卫生要求等。

C　毛细管顶板表面温度控制

对毛细管平面辐射空调系统供冷调节时，毛细管平面表面的温度不仅是反应室内平均辐射温度的重要参数，也是防止顶板表面结露控制的重要参数。通过测试毛细管顶板表面的温度，根据室内相对湿度的大小，当毛细管顶板表面的温度低于室内露点温度时，通过调节供回水温度或供水流量升高顶板表面的温度，可以有效地防止顶板表面结露。

研究表明，通过控制毛细管顶板表面的温度对室内温度进行控制，其效果比室内温度反馈控制效果更好，可以实现较高的控制精度。

6.4.3　毛细管平面辐射空调系统控制设计的原则

毛细管平面辐射空调系统控制设计的原则有：

(1) 舒适性。随着人们生活水平的提高，对居住和办公环境的要求不断提高，这就要求室内空气品质和舒适性也要逐步提高。毛细管平面辐射空调系统满足人们舒适的要求已经得到了理论和实践的验证，为了使这种空调系统能够更加满足人们对室内环境自调节的需要，就必须使这种空调系统的控制能够有较好的自适应能力，可以提前预测室内的负荷，准确地去除室内多余的冷热负荷，以提供更为舒适的室内环境。

(2) 节能性。节能是指导目前各种设计的方向，运行合理的控制策略是节约能源的一个有效途径。毛细管平面辐射空调系统的控制策略设计，必须做到节能，用最少的电耗实现最大的应用价值。控制策略的设计遵循节能设计的要求。

（3）简单实用性。空调系统控制设计的一个原则就是让使用者便于操作，就要求控制系统的设计要简单、实用。复杂的控制设计不仅不利于操作，也会导致控制系统的不稳定，达不到控制的目的，因此毛细管平面辐射空调控制系统的设计应尽量做到简单实用。

（4）灵活性。控制系统的设计不仅要满足舒适性、节能性和实用性，更重要的是控制要灵活。当室内或者室外环境发生变化时，控制系统应能够做出预期反应，在最短的时间内做出相应的控制，来调节室内环境的变化。

6.4.4 影响毛细管平面辐射空调控制系统的主要参数

影响毛细管平面辐射空调控制系统的主要参数包括：室外参数、室内设定参数、供回水温度、供回水温差、供回水流量、毛细管表面覆盖材质等。

（1）室外参数。室外参数与地理位置有关，无法改变但可以适应，可以根据不同地区的室外条件采用不同的控制方式。如毛细管辐射空调用于高温高湿地区时，由于室外空气相对湿度较高，送入室内的新风必须经过降温除湿，合理控制送入室内新风的送风参数。

（2）室内参数。室内参数是根据舒适性的原则，按照节能标准的要求设定的。毛细管辐射空调系统由于辐射换热的存在，夏季室内设计温度可以高出传统空调系统 $1 \sim 2$℃，冬季则可以相应的低 $1 \sim 2$℃。夏季由于室内相对湿度比较高，相同的室内空气温度下，露点温度也相应地比较高，为了避免毛细管顶板表面结露，露点温度的控制至关重要。

（3）供回水温度。供回水温度直接影响着毛细管顶板表面的温度，而当毛细管顶板表面温度低于室内空气的露点温度时，室内就会出现结露现象。而且供回水温度也直接影响着毛细管顶板供冷和供暖能力，因此供回水温度是影响毛细管辐射空调控制系统的关键因素。

（4）供水流量。相同的供回水温差下，供水流量决定着毛细管辐射空调系统供冷和供热能力的大小以及毛细管辐射顶板的换热效率。供水流量大时，有利于采取变流量控制，供水流量偏小时，更适合于采取开关控制。

（5）毛细管表面覆盖材质。顶板表面选用不同的装饰材料，所具有的传热系数就会不同，从而具有不同的蓄热性，就会导致供水温度控制的不同以及提前开启或关闭新风机组时间设置的不同，因此顶板应尽量选用热惰性较小的装饰材料，以利于其他参数的合理控制。

6.4.5 毛细管平面辐射空调控制系统的分析

6.4.5.1 新风系统的控制

毛细管平面辐射空调与置换通风空调的复合系统实现了温湿度的独立控制。

新风机组的控制功能主要有：（1）室内温湿度的检测；（2）新风温湿度的检测；（3）送风温湿度的检测；（4）风机运行状态、风机运行故障检测和风机启停控制；（5）冷水阀的控制；（6）开关逻辑及时间控制顺序等。新风机组的控制原理如图6-37所示。

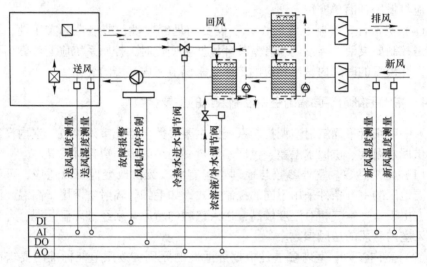

图 6-37　新风机组的控制原理图

新风机组夏季启动控制顺序是：新风开启—冷水调节阀开启—浓溶液调节阀开启—送风机启动，关闭的顺序与启动顺序相反。新风机组冬季启动控制顺序是：新风、热水调节阀开启—补水调节阀开启—送风机启动，关闭的顺序与启动顺序相反。

6.4.5.2　毛细管辐射供冷系统的控制

根据控制参数不同毛细管辐射顶板的控制方式可以分为很多类，这里主要介绍较常用的两种：室外温度补偿控制和间歇流量控制。

室外温度补偿控制冷热源中需要有能够调节的四通控制阀，供水温度根据来自室内、室外和供水温度传感器的输入值进行调节，控制系统如图6-38所示。

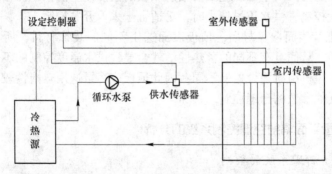

图 6-38　毛细管平面辐射空调系统室外温度补偿控制示意图

从图6-38中可以看出，供水温度传感器和室内、室外温度传感器的信号都输至设定控制器，通过设定控制器综合平衡后，然后调节冷热源内四通阀的开度以适应室内负荷的变化。因此，该控制方法较为准确，但初投资较高，且控制较复杂，对于温湿度要求较高的重要场所，可以采用这种控制方式。

间歇流量控制主要是对毛细管辐射顶板表面温度与室内露点温度进行比较，控制电动二通阀的开关。该控制方式简单方便，不需要太多的控制设备及程序算法，且初投资较小，适用于普遍应用。该控制系统方框图和示意图如图6-39所示。

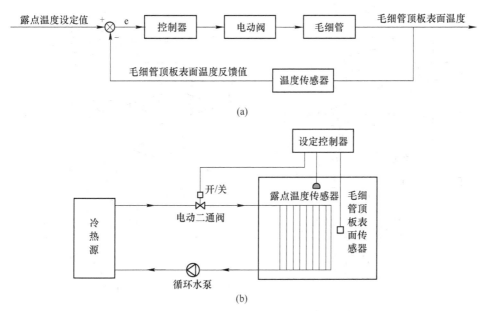

图6-39 毛细管平面辐射空调系统间歇流量控制方框图（a）和示意图（b）

由图6-39可知，毛细管顶板表面的温度主要由电动二通阀调节，比较毛细管顶板表面温度传感器的温度信号和露点温度传感器的信号之后进行控制电动阀的启闭。当毛细管顶板表面的温度低于室内露点温度时，电动二通阀关闭，毛细管平面由于没有供水，表面的温度就会升高，当高于设定的室内露点温度值时，电动二通阀打开，继续供冷，通过控制电动二通阀的开关控制毛细管表面的温度高于室内露点温度，从而保证室内不会出现结露现象。该控制方式控制参数仅为毛细管顶板表面温度和室内露点温度，控制简单，同时也能避免室内出现结露的危险，因此该控制方式便于实际应用。

6.4.5.3 毛细管辐射供冷与新风系统的夏季控制

夏季应用毛细管平面辐射空调系统供冷时，为了防止顶板表面结露，新风系统必不可少。当新风系统与毛细管辐射供冷系统同时运行时，新风系统用于降低室内空气的湿度和温度，毛细管辐射供冷系统用于降低室内空气的温度，因此这两个系统存在一定的耦合关系。与新风系统相结合的毛细管辐射供冷系统有两种控制逻辑：一种是毛细管辐射供冷系统与新风系统相互独立；另一种是两者非独立，如图 6 - 40 所示。

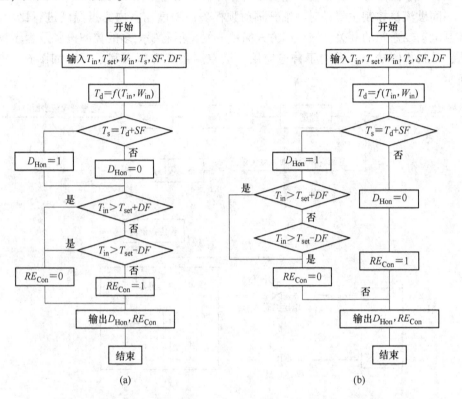

图 6 -40　毛细管平面辐射供冷系统与新风系统独立（a）和非独立（b）控制逻辑图

图 6 -40 中，T_{in} 为室内空气温度，℃；T_{set} 为室内设定温度，℃；W_{in} 为绝对湿度，%；T_s 为毛细管辐射板表面温度，℃；SF 为安全系数；DF 为控制精度；T_d 为露点温度，℃；D_{Hon} 为新风系统运行；RE_{Con} 为毛细管辐射供冷系统运行。

实验表明：相同的控制水平下，毛细管辐射供冷系统与新风系统独立控制，应用比较有效。两者独立控制时，当新风系统运行时，毛细管辐射供冷系统停止供水，新风系统进行除湿，除湿结束后，毛细管辐射供冷系统开始供水，这样对室内温度和湿度的控制比较精确，图 6 -41 所示为毛细管辐射供冷系统与新风系统独立控制的示意图。

图 6 -41 中室外新风通过过滤器进入溶液热回收装置，与室内的排风进行热交换，再进入溶液除湿装置，进一步除湿和降温，新风的温度可以通过电动阀 V_2 进行调节。经过降温除湿后的干燥新风送入室内，承担室内全部的湿负荷和部分

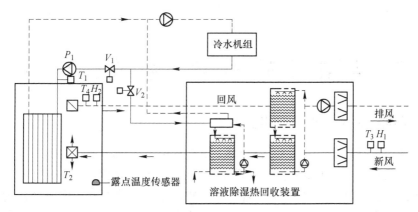

图 6-41 毛细管辐射供冷系统与新风系统独立控制示意图

显热负荷。冷水机组供入毛细管顶板的冷冻水通过控制电动阀 V_1 采用间歇流量控制，室内设有露点温度传感器，毛细管顶板表面设有温度传感器 T_2，通过比较温度传感器 T_2 和露点温度传感器的信号，控制电动阀 V_1 的开关。当毛细管顶板表面的温度低于室内露点温度时，阀门 V_1 关闭，由于没有供水，毛细管顶板表面的温度就会升高，当高于设定的室内露点温度值时，阀门 V_1 打开，继续供冷。

7 毛细管辐射空调系统适宜性

7.1 毛细管辐射空调冷热源适宜性

　　毛细管辐射空调系统冬季采暖水温 30℃左右、夏季制冷水温 20℃左右就能实现冬季供暖，夏季供冷的目的。因此除了采用传统的集中供热、冷水机组等冷热源形式外，还可以有效利用自然界中一些低品位冷热源，如太阳能、地源热泵、水源热泵以及工业余热（废热）等，减少化石燃料的消耗，减少废气、废物排放，从而实现节能减排降耗。

7.1.1 毛细管辐射空调与太阳能结合空调系统

7.1.1.1 毛细管辐射空调与太阳能结合的空调系统

　　毛细管辐射空调与太阳能结合空调系统由毛细管网末端装置、太阳能集热器、换热器、连接管道、系统控制装置等构成。但是由于冬季太阳强度较低，集热器很难将水箱内的水加热到散热器所需要的水温。毛细管辐射空调系统冬季供暖水温在 30℃左右，而太阳能恰好能将热水加热到 35～55℃，夏季可以采用溴化锂吸收式制冷方式供冷，利用太阳能集热器为吸收式制冷循环提供热源，太阳能吸收式制冷如图 7-1 所示。因此可以将毛细管网与太阳能组成一个空调系统，太阳能为空调房间提供冷热源，这样既充分利用了太阳能这种可再生能源，又增加空调房间的舒适性，降低系统能耗。太阳能取之不尽、用之不竭，但是它也有自身的局限性，太阳能易受阴雨等天气因素的影响，存在不稳定性，因此需要设置辅助热源，如：空气源热泵、燃气炉、电热及电加热蓄热、碳晶电热板等。

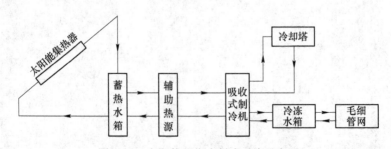

图 7-1　太阳能吸收式制冷系统示意图

　　毛细管网与太阳能结合加碳晶电热板辅助空调系统如图 7-2 所示。

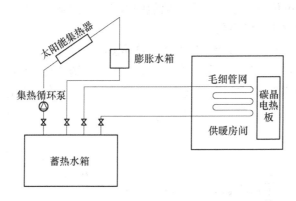

图 7-2 毛细管网与太阳能结合空调系统示意图

7.1.1.2 毛细管辐射空调加置换通风与太阳能除湿复合空调系统

毛细管辐射空调系统是一种适用于冬冷夏热地区的空调形式，但是由于夏热冬冷地区空气湿度较大，对于毛细管辐射空调系统在该区域的应用必须处理好结露问题，否则该空调系统将无法在该区域推广应用。置换通风通过向空调房间送入新风的方式加快室内空气的流通，而结露产生的原因除了空调房间空气湿度大外，室内空气流动性差也是其产生的根源之一，因此置换通风将大大降低空调房间结露现象的产生。对于采用毛细管辐射空调加置换通风的空调系统，置换通风装置负责承担空调房间全部的湿负荷，而空调房间冷热负荷由毛细管辐射顶板和置换通风装置送入空调房间的新风共同承担。毛细管辐射空调加置换通风系统如图 7-3 所示。

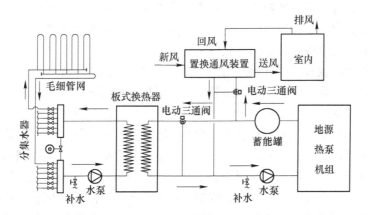

图 7-3 毛细管辐射空调加置换通风系统示意图

为了使毛细管辐射空调加置换通风系统在夏热冬冷地区很好的应用，一定要防止结露现象产生，而结露又与空调房间的湿度及室内空气流动状态有关，空调房间送风口的安装位置对空调房间气流组织有直接的影响，因此合理确定空调房间送风口的安装位置非常重要。

毛细管辐射空调加置换通风空调系统在夏热冬冷地区是可行的，但是由于夏热冬冷地区夏季空气湿度大，置换通风在向空调房间输送新风时需要经过除湿处理才能达到送风参数要求。夏热冬冷区域主要城市年平均相对湿度如图 7 - 4 所示。

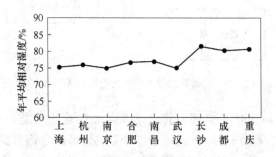

图 7 - 4　夏热冬冷地区主要城市相对湿度示意图

传统的空调除湿原理是室外潮湿的空气通过蒸发器冷却后使温度降低，空气达到饱和状态形成凝结水析出，空气湿度下降。降低湿度后的空气经加热后送到空调房间。这种传统的除湿方式存在以下三方面不足：（1）冷源除了承担空调房间的显热负荷外还需要承担湿负荷，增加空调系统能耗。（2）为了除湿较低的工质温度，一般为7℃供水，12℃回水，而除湿后的空气因为温度太低需要经过加热后才能送到空调房间，增加了系统能耗。（3）在蒸发冷却器冷却表面形成凝结水，长时间不清理容易滋生细菌，使得送入空调房间的新风品质下降，不利于空调房间内人员健康。因此为了降低能耗，提高置换通风送风品质，应选择一些新型的除湿设备，如太阳能除湿装置。

太阳能除湿装置可以有效利用太阳能这种可再生能源，降低毛细管辐射空调加置换通风空调系统的能耗。毛细管辐射空调加置换通风与太阳能除湿联合运行的复合空调系统由太阳能集热器、再生器、换热器、除湿器、置换通风装置、毛细管网末端等组成。该复合空调系统除湿原理是除湿器内的除湿剂吸收置换通风装置送风中的水分并放出潜热，经过处理湿度降低后的新风送入空调房间，而除湿剂吸收水分后浓度降低，除湿能力下降。再生器通过吸收太阳能提供的能量使除湿剂中的水分蒸发到室外空气，除湿剂浓度升高，除湿能力恢复，这样就形成了一个新风除湿循环。毛细管辐射空调加置换通风与太阳能除湿联合运行的复合空调系统如图 7 -5 所示。

该复合系统再生器再生过程（见图 7 - 6）为再生器中的除湿剂吸收太阳能热量后到达状态点 *H*，然后等浓度冷却到与室外状态点 *E* 相同水蒸气分压力

的 O 点，最后除湿剂水分蒸发，浓度增加，除湿能力恢复。再生效率计算公式为：

$$\eta = \frac{\omega \Delta H}{Q} = \frac{W\varepsilon}{Q} = \varepsilon \eta_{\max} = \frac{T_0}{T_0 - T_E} \frac{T_H - T_E}{T_H} \qquad (7-1)$$

式中，ω 为再生过程中水蒸气蒸发量；ΔH 为水蒸气气化潜热；Q 为集热量；W 为卡诺机输出功；ε 为热泵制热系数；$\eta_{\max}$ 为卡诺机热效率；T_0 为再生状态点温度；T_H 为热源温度；T_E 为室外环境温度。

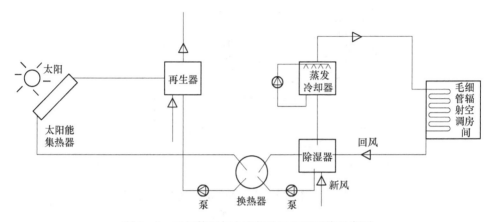

图7-5 毛细管网与太阳能除湿空调系统示意图

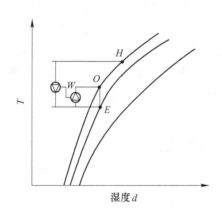

图7-6 再生器再生过程示意图

7.1.2 毛细管网与热泵结合空调系统

7.1.2.1 毛细管网与地源热泵系统结合空调系统

毛细管网与地源热泵系统结合空调系统如图7-7所示，夏季，从地埋管出来的冷却水经冷凝器与工质换热后回灌。蒸发器输出的冷冻水为毛细管网供水。

冬季，地埋管出来的冷冻水经蒸发器与工质换热后回灌，冷凝器输出的热水给毛细管网供水。该空调系统适用于建筑密度低，有足够的埋管面积且夏天的总冷量与冬季的总热量需求平衡的区域。

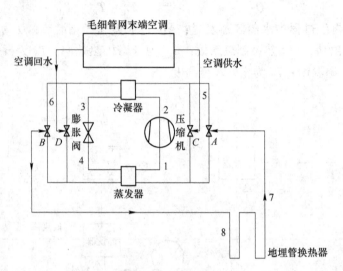

图7-7　毛细管网与地源热泵结合空调系统示意图
1~8—管道中的点

7.1.2.2　毛细管网与水源热泵系统结合空调系统

夏季，从取水井出来的冷却水经冷凝器与工质换热后排至回水井。蒸发器输出的冷冻水给毛细管网供水，如图7-8所示。冬季，取水井出来的冷冻水经蒸发器与工质换热后排至回水井，冷凝器输出的热水给毛细管网供水，如图7-9所示。该空调系统适用于有充足地下水、河流、湖泊的区域。

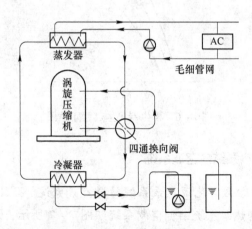

图7-8　夏季毛细管网与水源热泵结合空调系统原理图

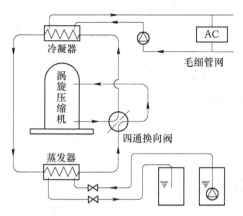

图 7 - 9　冬季毛细管网与水源热泵结合空调系统原理图

7.1.2.3　毛细管网与污水源热泵系统结合空调系统

适合毛细管辐射空调系统的冷热源除了太阳能与地源热泵和水源热泵外,还可以利用工业余热,能有效利用工业余热的设备就是污水源热泵。毛细管网与污水源热泵系统结合空调系统实现了清洁能源与废热资源高效、综合利用。毛细管网与污水源热泵系统复合空调系统如图 7 - 10 所示。该复合空调系统由毛细管辐射管网末端、蒸发器、冷凝器、吸收机、换热设备、污水除垢机及连接管道和阀门等部件组成。夏季,开启阀门 5 ~ 8,关闭阀门 1 ~ 4。污水经过污水除垢机处理后与换热器内的工质换热,换热后的工质经过蒸发器蒸发吸热后给毛细管辐射空调末端供冷。冬季,开启阀门 1 ~ 4,关闭阀门 5 ~ 8。污水经过污水除垢机处理后与换热器内的工质换热,换热后的工质经过冷凝器冷凝放热后给毛细管辐射空调末端供暖。

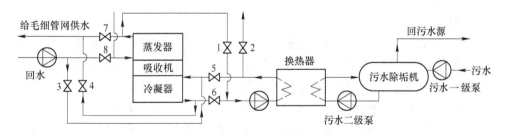

图 7 - 10　毛细管网与污水源热泵结合空调系统示意图

7.2　毛细管辐射空调建筑类型适宜性

从供冷的角度分析,在实际工程应用当中,毛细管平面辐射空调系统利用的是 16 ~ 18℃ 的高温冷源。由于要避免辐射板表面结露,因而限定了辐射板表面的最低温度，该温度必须高于空调房间内空气的露点温度。由于高温冷源与室内环境的温差较小，也就决定了辐射空调系统的供冷能力比较低。

文献［7］中对辐射供冷的对流换热系数、辐射板换热热阻以及辐射板表面温度的不均匀性等进行了分析，得出典型抹灰毛细管结构形式的辐射吊顶在夏季的供冷性能。通过典型抹灰毛细管结构形式的辐射吊顶在夏季的供冷能力，在室内空气温度为 $T_a = 26℃$，室内非加热/冷却表面的加权平均温度 $AUST = 28℃$，$q_{短波辐射} = 0$，供回水平均温度为 16℃ 时，毛细管网的供冷能力为 80.8 W/m^2，这是在不同状况下，抹灰毛细管结构供冷能力最优值。

通过将平顶金属辐射板与对流强化型辐射顶板进行对比得出：在室内空气温度为 $T_a = 26℃$，$AUST = 26℃$，$q_{短波辐射} = 0$，供回水温度为 18/21℃ 时，对流强化型的金属辐射顶板供冷量最大为 88.3 W/m^2。

通过对毛细管网系统的传热分析以及实验研究可以得知，毛细管网单位面积的供冷量最大值小于 90 W/m^2。对于普通住宅、办公室等单位面积小负荷建筑来说，毛细管网平面辐射空调系统的供冷能力可以满足，达到舒适的效果。而对于大型公共建筑，如会议室、商场、剧院、电影院、体育馆等，其人员密集，冷负荷通常较大，有时高达 $200 \sim 300W/m^2$，此时，仅仅利用毛细管网消除冷负荷已不能够满足室内要求。为了增加供冷、供热能力，可以辅以干式风机盘管、柜式空调器等方式增加供冷、供热量。还可以在房间墙壁、地板等位置敷设毛细管网，也可以按照需要在房间天棚上做造型增加毛细管网的面积等。

7.3　毛细管辐射空调区域适宜性

我国幅员辽阔，气候的地区差异较大。根据建筑气候区划图可以看出，我国的建筑气候分 5 个区，即严寒地区、寒冷地区、夏热冬冷地区、温和地区和夏热冬暖地区。

对于毛细管平面辐射空调系统完全可以适用于我国多气候下的各类空调场合。对于严寒和寒冷地区，空调时间较短而采暖时间较长，且已经形成较为成熟的集中供暖体系。因此在冷热源的选择方面，夏季可以选用高温冷水机组为毛细管末端提供 17/20℃ 的高温冷冻水，而冬季可以利用已有的城市热力管网，通过加设换热装置，为毛细管系统提供 35/31℃ 的低温热水。在湿度控制方面，由于室外空气的湿度不大，因此使用常规的新风机组即可。另外，在对湿度要求比较高的场合，也可以考虑转轮除湿或溶液除湿问题是如何为其选配相适应的除湿系统和相关设备。在西北地区，大部分城镇的最大月湿量的平均值在 12g/kg 之下，这为使用蒸发冷却技术提供了条件。因此，可以选择间接蒸发冷却冷水机组产生高温冷冻水，送入室内毛细管末端，承担室内显热负荷。而冬季仍然可以利用已有的城市热力管网，通过加设换热装置，为毛细管系统提供低温热水。同理，在除湿方面，可以选择蒸发冷却新风机组对室内的湿环境进行控制。

而在高湿地区，冷却除湿与转轮除湿相结合的方式是一种可行的除湿新方案。首先，冷却除湿在一定范围内除湿效果好，且性能稳定，但当湿度要求较低时，冷却除湿的能力明显下降，此时选用转轮与冷却联合除湿系统，可以达到很好的效果。其次，冷却除湿作为前期除湿，突出了冷却除湿机高露点工况下能耗低的特点，利用转轮除湿进行深度除湿，突出了转轮除湿机低温低湿条件下，不受露点限制且除湿量大的优点。在低湿环境条件下，采用转轮与冷却联合式除湿空调系统具有仅靠冷却除湿机不可比拟的优越性。

附录 毛细管格栅顶板与装饰层换热计算程序框图及程序

附录1 程序框图

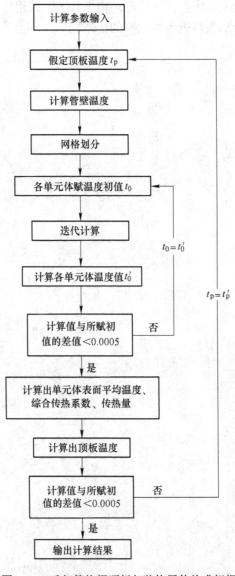

附图1-1 毛细管格栅顶板与装饰层传热求解框图

附录 2　毛细管格栅冬季供热 MATLAB 计算程序

供回水温度 tg = 30℃;th = 28℃

```
L = 0.005;
H = 0.01;
r = 0.8;
tg = 28;th = 30;% 供回水温度
ta = 21;tr = ta;Tr = ta + 273;d = 0.004;
v = 0.1;
m = 81;n = 81;
tb = tg - (tg - th) * d * v * (1050 * d/2.5 + 2)% 管壁的温度
x = L/(m - 1);num = 0;
for i = 1:1:n
    for j = 1:1:m
        t(i,j) = 20;
    end
end
    for j = 1:1:m
        t(1,j) = tb;
    end
end
    while num < 20000
    h1 = 2.17 * (t(i,1) - ta)^0.31;
    h2 = 4.73 * 10^( -8) * ((t(i,1) + 273)^4 - Tr^4);
    h3 = t(i,1) - ta;
h = h1 + (h2/h3);
b = h * x/r;
    for i = 2:1:n - 1
    t(i,1) = (t(i - 1,1) + t(i + 1,1) + 2 * t(i,2) + 2 * b * ta)/(4 + 2 * b);
    t(n,1) = (t(n - 1,1) + t(n,2) + b * ta)/(2 + b);
    end
    for j = 2:1:m - 1
        for i = 2:1:n - 1
            t(i,j) = 0.25 * (t(i - 1,j) + t(i + 1,j) + t(i,j + 1) + t(i,j - 1));
            t(n,j) = 0.25 * (2 * t(n - 1,j) + t(n,j - 1) + t(n,j + 1));
        end
    end
    for i = 2:1:n - 1
        t(i,m) = 0.25 * (t(i - 1,m) + t(i + 1,m) + 2 * t(i,m - 1));
        t(n,m) = 0.5 * (t(n - 1,m) + t(n,m - 1));
```

```
            end
                num = num + 1
        end
    q1 = 0;
    for j = 2:1:m - 1
            qq1 = tb - t(2,j);
            q1 = qq1 + q1;
    end
    Q1 = r * (tb - 0.5 * (t(2,1) + t(2,m)) + q1)
    Q = Q1 * (1/L)
    clabel(contour(t',20));
    xlabel('顶板下表面水平方向')
    ylabel('顶板下表面竖直方向')
    title('等温线')
```

附录 3　毛细管格栅夏季供冷 MATLAB 计算程序

```
供回水温度 tg = 16;th = 18
L = 0.005;
H = 0.01;
r = 0.8;
tg = 16;th = 18;% 供回水温度
ta = 26;tr = ta;Tr = ta + 273;d = 0.004;
v = 0.1;
m = 81;n = 81;
tb = tg - (tg - th) * d * v * (1050 * d/2.5 + 2)% 管壁的温度
x = L/(m - 1);num = 0;
for i = 1:1:n
    for j = 1:1:m
        t(i,j) = 20;
    end
end
 for j = 1:1:m
        t(1,j) = tb;
    end
    while num < 20000
        h1 = 2.17 * (ta - t(i,1))^0.31;
        h2 = 4.73 * 10^(-8) * (Tr^4 - (t(i,1) + 273)^4);
        h3 = ta - t(i,1);
```

```
h = h1 + (h2/h3);
b = h * x/r;
    for i = 2:1:n - 1
    t(i,1) = (t(i - 1,1) + t(i + 1,1) + 2 * t(i,2) + 2 * b * ta)/(4 + 2 * b);
    t(n,1) = (t(n - 1,1) + t(n,2) + b * ta)/(2 + b);
    end
    for j = 2:1:m - 1
        for i = 2:1:n - 1
        t(i,j) = 0.25 * (t(i - 1,j) + t(i + 1,j) + t(i,j + 1) + t(i,j - 1));
        t(n,j) = 0.25 * (2 * t(n - 1,j) + t(n,j - 1) + t(n,j + 1));
        end
    end
    for i = 2:1:n - 1
        t(i,m) = 0.25 * (t(i - 1,m) + t(i + 1,m) + 2 * t(i,m - 1));
        t(n,m) = 0.5 * (t(n - 1,m) + t(n,m - 1));
        end
        num = num + 1
    end
    q1 = 0;
    for j = 2:1:m - 1
        qq1 = tb - t(2,j);
        q1 = qq1 + q1;
    end
    Q1 = r * (tb - 0.5 * (t(2,1) + t(2,m)) + q1)
    Q = Q1 * (1/L)
    clabel(contour(t',20));
    xlabel('顶板下表面水平方向')
     ylabel('顶板下表面竖直方向')
      title('等温线')
```

参 考 文 献

[1] 中国能源网. 哥本哈根峰会将召开　关键问题存严重分歧 [EB/OL]. [2009 – 12 – 07] http：//www. china5e. com/show. php? contentid = 60688.

[2] 中国能源网. 节能减排控能耗　除掉 PM2. 5 才看见 "来自星星的你" [EB/OL]. [2014 – 03 – 11] http：//www. china5e. com/news/news – 862821 – 1. html.

[3] 中国能源网. 中科院副院长：中国发生雾霾频次或已逼近 "拐点" [EB/OL]. [2014 – 03 – 05] http：//www. china5e. com/news/news – 862249 – 1. html.

[4] 中国能源网. 北京山东河南等地仍有重度霾　今夜起逐渐消散 [EB/OL]. [2014 – 02 – 26] http：//www. china5e. com/news/news – 861557 – 1. html.

[5] 中国能源网. 地暖采暖在建筑节能中有哪些优势？ [EB/OL]. [2014 – 02 – 10] http：//www. china5e. com/news/news – 859948 – 1. html.

[6] 中国能源网. 德国推广生态节能建筑启示录 [EB/OL]. [2014 – 02 – 12] http：//www. china5e. com/news/news – 860194 – 1. html.

[7] 刘晓华，江亿. 温湿度独立控制空调系统 [M]. 北京：中国建筑工业出版社，2005.

[8] 杨芳. 金属辐射冷却顶板的研究及其应用 [D]. 长沙：湖南大学，2005.

[9] 殷平，杨芳，刘敏. 新型辐射板的研制 [C] //2004 全国暖通年会论文集. 北京：中国建筑工业出版社，2004：224.

[10] Hao X L, Zhang G Q, Chen Y M, et al. A combined system of chilled ceiling, displacement ventilation and desiccant dehumidification [J]. Building and Environment, 2006, 10：1 ~ 11.

[11] 王子介. 低温辐射供暖与辐射供冷 [M]. 北京：机械工业出版社，2004.

[12] Feustel H E. Radiant cooling – a literature survey [J]. [2003 – 12 – 23] www. buildfind. com.

[13] Schutrum L F, Parmelee G V, Humphreys C M. Heat exchangers in a ceiling panel heated room [J]. ASHRAE Transactions, 2000, 59：197 ~ 204.

[14] Min T C. Natural convection and radiation in a panel heated room [J]. ASHRAE Transactions, 2008, 62：337 ~ 343.

[15] Laurenti L, Marcotullio F, Zazzini P. A proposal for the calculation of panel heating and cooling system based on the transfer function method [J]. ASHRAE Transactions, 2002（108）：183 ~ 201.

[16] Xia Y Z, Mumma Stanley A. Ceiling radiant cooling panels employing heat – conducting rails：deriving the governing heat transfer equations [J]. ASHRAE Transactions, 2006：34 ~ 41.

[17] Kilkis I B, et al. A simplified model for radiant heating and cooling panels [J]. Simulation Practice and Theory, 1994, 2：61 ~ 76.

[18] Stand Richard K, Ph. D. Investagation of a condenser – linked radiant cooling system using a heat balance based energy simulation program [J]. ASHRAE, 2003：647 ~ 655.

[19] Stand Richard K, Baumgartner K T. Modeling radiant heating and cooling systems：integration with a whole – building simulation program [J]. Energy and Buildings, 2005, 37：389 ~ 397.

[20] Kim T, Kato S, et al. Indoor cooling/heating load analysis based on coupled simulation of convection, radiation and HVAC control [J]. Building and Environment, 2001, 36：901 ~ 908.

[21] Murakami S, Katoindoor S. Climate design based on CFD coupled simulation of convection, radiation, and HVAC control for attaining a given PMV value [J]. Building and Environment, 2001, 36: 701~709.

[22] Stetiu C. Energy and peak power savings potential of radiant cooling systems in US commercial buildings [J]. Energy and Buildings, 1999, 30: 127~138.

[23] Kitagawa K, Komoda N, et al. Effect of humidity and small air movement on thermal comfort under a radiant cooling ceiling by subjective experiment [J]. Energy and Buildings, 1999, 30: 185~193.

[24] Jeong J W, Mumma Stanley A. Ceiling radiant cooling panel capacity enhanced by mixed convection inmechanically ventilated spaces [J]. Applied Thermal Engineering, 2003 (23): 2293~2306.

[25] Jeong J W, Mumma Stanley A. Practical cooling capacity estimation model for a suspended metal ceiling radiant cooling panel [J]. Energy and Environment, 2006 (41): 467~475.

[26] Miriel J, Serres L, Trombe A. Radiant ceiling panel heating - cooling systems: experimental and simulated study of the performances, thermal comfort and energy consumptions [J]. Applied Thermal Engineering, 2002 (22).

[27] Novoselac A, Srebrice J. A critical review on the performance and design of combined cooled ceiling and displacement ventilation systems [J]. Energy and Buildings, 2002 (34): 497~509.

[28] Conroy C L, Mumma Stanley A. Ceiling radiant cooling pan elsasaviable distributed parallel sensible cooling technology integrated with dedicated outdoor air systems [J]. ASHRAE Tranction, 107 (1): 571~579.

[29] Mumma Stanley A, Jeong J W. Direct digital temperature, humidity, and condensate control for a dedicated outdoor air - ceiling radiant cooling panel system [J]. ASHRAE Transactions, 2005 (111): 547~558.

[30] Loveday D L. Designing for thermal comfort in combined chilled ceiling/displacement ventilation environments [J]. ASHRAE Transactions, 1998 (104): 901~911.

[31] Kulpmann R W. Thermal comfort and air quality in rooms with cooled ceilings - results of scientific investigations [J]. ASHARE Transactions, 1999, 99 (5): 488~502.

[32] Mumma Stanley A. Dedicated outdoor air system and desiccants [J]. Engineered Systems, www. esmagazine. com, 2007, (8): 37~49.

[33] Ardehali Morteza M, Panah Nirvan G, Smith Therodore F. Poof of concept modeling of energy transfer mechanisms for radiant conditioning panels [J]. Energy Conversion and Management, 2004 (45): 2005~2017.

[34] Misirlioglu A, Gulact U. Low - energy cooling of rooms with chilled ceilings and ceiling - mounted devices [J]. International Journal of Energy Research, 2003 (29): 763~779.

[35] 麦金太尔 D A. 室内气候 [M]. 龙惟定, 等译. 上海: 科技出版社, 1988.

[36] Fanger P O. Thermal comfort [M]. Malabar: Robert E. Krieger Publishing Company, 1982.

[37] 朱颖心. 建筑环境学 [M]. 2版. 北京: 中国建筑工业出版社, 2005.

[38] Yuan X X, Chen Q Y, Glicksman L R. A critical review of displacement ventilation [J]. ASHRAE Transactions, 1998 (104): 78~90.

[39] 闫佳佳. 毛细管平面空调系统换热过程的强化研究 [D]. 济南：山东建筑大学, 2013 (6).

[40] Kosonen R, Tan F. A feasibility of a ventilated beam system in the hot and humid climate: a case-study approach [J]. Building and Environment, 2005 (40): 1164~1173.

[41] Vangtook P, Chirarattananon S. An experimental investigation of radiant cooling in hot humid climate [J]. Energy and Buildings, 2006 (38): 273~285.

[42] Vangtook P, Chirarattananon S. Application of radiant cooling as a passive cooling option in hot humid climate [J]. Energy and Environment, 2007 (42): 543~556.

[43] Lim J H, Jo J H, Kim Y Y, et al. Application of the control methods for radiant floor cooling system in residential buildings [J]. Energy and Environment, 2006 (41): 60~73.

[44] Nagano K, Mochida T. Experiments on thermal environmental design of ceiling radiant cooling for suprine human subjects [J]. Energy and Environment, 2004 (39): 267~275.

[45] Song D, Kato S. Radiant panel cooling system with continuous natural cross ventilation for hot and humid regions [J]. Energy and Buildings, 2004 (36): 1273~1280.

[46] Niu J, Kooi J V D, Ree H V D. Energy saving possibilities with cooled-ceiling systems [J]. Energy and Buildings, 1995 (23): 147~158.

[47] Mumma Stanley A. DOAS and home security [J]. ASHRAE Transactions, 2007 (18): 86~91.

[48] Steven J E, McDowell T. Initial evaluation of DV and DOAS for US commercial buildings [J]. NISTIR 7244, 2005.

[49] Roth K W, et al. Consumption characteristics of commercial building HVAC systems [M]. Volume III: Energy Savings Potential. DOE, 2002.

[50] Mumma Stanley A. Avoiding pitfalls [J]. IAQ Applications, 2006 (9): 23~25.

[51] Mumma Stanley A. DOAS and desiccants [J]. Engineered System, 2007, V33 (11): 12~13.

[52] Mumma Stanley A. DOAS and homeland security system [J]. Engineered System, 2007, V33 (6): 33~35.

[53] Jeong J W, Mumma Stanley A. Designing a dedicated outdoor air system with ceiling radiant cooling panels [J]. ASHRAE Journal, 2006 (10): 56~64.

[54] Loveday D L. Designing for thermal comfort in combined chilled ceiling/displacement ventilation environments [J]. ASHRAE Transactions, 1998 (104): 901~911.

[55] 葛凤华. 平均辐射温度与辐射供暖、辐射供冷 [J]. 吉林建筑工程学院学报, 2006, 23 (2): 45~48.

[56] 朱纪军, 郭兵. 顶板冷辐射加置换通风空调系统评价分析 [J]. 能源工程, 2007 (4): 70~72.

[57] 周鹏. 置换通风与冷却顶板 [J]. 暖通空调, 1998 (5): 1~5.

[58] 闫全英, 齐正新, 王威. 天棚辐射供冷系统换热过程的研究 [J]. 建筑热能通风空调, 2004, 23 (6): 13~19.

[59] 闫全英, 齐正新, 王威. 无保温楼板辐射供冷系统热过程的研究 [J]. 建筑热能通风空

调, 2005, 24 (1): 1 ~ 6.

[60] 王智丽, 周孝清. 与独立新风相结合的冷却顶板的传热机制分析 [J]. 暖通空调, 制冷空调与电力机械, 2005, 26 (102): 26 ~ 30.

[61] 朱能, 刘珊. 置换通风与冷却顶板的热舒适性研究 [J]. 制冷学报, 2000 (4): 64 ~ 70.

[62] 马景骏, 孙丽颖. 冷却顶板系统的热舒适性分析 [J]. 哈尔滨工程大学学报, 2001, 22 (5): 27 ~ 30.

[63] 那艳玲, 涂光备, 于松波, 等. 冷却顶板对置换通风系统的影响: CFD 研究 [J]. 暖通空调, 2005, 35 (1): 11 ~ 15.

[64] 王子介. 地板辐射供冷—置换通风的实验研究 [J]. 全国暖通空调制冷学术年会资料集, 2006.

[65] Zhang L Z, Niu J L. Indoor humidity behaviors associated with decoupled cooling in hot and humid climates [J]. Building and Environment, 2003 (38): 99 ~ 107.

[66] Zhang L Z, Niu J L. A pre – cooling munters environmental control desiccant cooling cycle in combination with chilled – ceiling panels [J]. Energy, 2003 (28): 275 ~ 292.

[67] Hao X L, Zhang G Q, Chen Y M, et al. A combined system of chilled ceiling, displacement ventilation and desiccant dehumidification [J]. Building and Environment, 2006 (8).

[68] 张燕, 丁云飞. 太阳能液体除湿处理热湿地区冷却顶板新风湿负荷 [J]. 建筑科学, 2006, 22 (3): 70 ~ 74.

[69] 李银明, 黄翔. 西北地区蒸发冷却、辐射吊顶系统的顶棚送风方式 [J]. 制冷与空调, 2005, 5 (3): 44 ~ 47.

[70] 李银明, 黄翔. 蒸发冷却与冷却吊顶相结合的半集中式空调系统的探讨 [J]. 流体机械, 2005, 33 (1): 56 ~ 59.

[71] 谭礼保, 李强民. 夏季湿热地区置换通风和冷却顶板复合系统节能潜力研究 [J]. 暖通空调, 2006, 36 (12): 104 ~ 108.

[72] 熊帅, 汤广发, 杨光, 等. 辐射冷吊顶、独立新风系统的技术研究与可行性分析 [J]. 制冷与空调, 2006, 6 (4): 34 ~ 38.

[73] 丁云飞, 丁静, 王卓越, 等. 除湿转轮处理冷却顶板空调系统的湿负荷 [J]. 华南理工大学学报 (自然科学版), 2004, 32 (3): 10 ~ 14.

[74] 朱能, 田喆, 马九贤. 冷天花冷却顶板热工性能分析 [J]. 制冷学报, 2000 (3): 19 ~ 28.

[75] 陈启, 马一太. 辐射顶板空调系统的优势 [J]. 节能技术, 2005, 23 (129): 40 ~ 43.

[76] 田喆, 彭鹏, 周志雄, 等. 冷却顶板的测试标准及相应的实验研究 [J]. 建筑热能通风空调, 2004, 123 (2): 87 ~ 91.

[77] 田喆, 朱能, 涂光备. 冷却顶板系统应用中的一些问题 [J]. 暖通空调, 2004, 34 (3): 73 ~ 76.

[78] 苏夺, 陆琼文. 辐射空调方式及其发展方向 [J]. 制冷空调与电力机械, 2005, 24 (93): 26 ~ 30.

[79] 王晋生. 加装长波高透过性薄膜的冷却顶板置换通风系统实验与模拟 [D]. 上海: 同济大学, 2005.

[80] 肖益民, 付祥钊. 冷却顶板空调系统中用新风承担湿负荷的分析 [J]. 暖通空调,

2002, 32 (3)：15~17.

[81] 孙丽颖, 马最良. 冷却吊顶供水方式对系统运行能耗的影响 [J]. 暖通空调, 2003, 33 (1)：107~109.

[82] 狄洪发, 王威, 江亿, 等. 辐射吊顶的实验研究 [J]. 暖通空调, 2000, 30 (4)：5~8.

[83] 彦启森, 赵庆珠. 建筑热过程 [M]. 北京：中国建筑工业出版社, 1986.

[84] 涂逢祥, 王庆一. 我国建筑节能现状及发展 [J]. 保温材料与建筑节能, 2004 (7)：40~42.

[85] 巴格斯罗夫斯基 B H. 建筑热物理学 [M]. 北京：中国建筑工业出版社, 1988.

[86] 陆耀庆. 实用供热空调设计手册 [M]. 北京：中国建筑工业出版社, 2008.

[87] 邹平华, 赵丽娜, 刘孟军. 辐射采暖房间维护结构表面角系数的计算 [J]. 建筑热能通风空调, 2005, 24 (3)：1~4.

[88] ISO 7730. Moderate thermal environment determination of the PMV and PPD indices and specification of the conditions for thermal comfort [S]. Geneva：International Standard Organization, 1984.

[89] 张川燕, 王子介. 辐射供冷地面对围护结构内表面温度及室内热舒适的影响 [J]. 建筑科学, 2008, 24 (10)：79~84.

[90] 陆亚俊, 马最良, 邹平华. 暖通空调 [M]. 北京：中国建筑工业出版社, 2007：102, 103.

[91] Mumma Stanley A. Chilled ceilings in parallel with dedicated outdoor air systems：addressing the concerns of condensation, capacity, and cost [J]. ASHRAE Transactions, 2002, 108 (2)：1~12.

[92] 周兴红. 低温地板辐射采暖数值模拟及其性能分析 [D]. 南京：南京理工大学, 2004.

[93] 苗常海. 地板辐射采暖节能机理研究及设计软件 [D]. 天津：天津大学, 2004.

[94] 章熙民, 任泽霈, 梅飞鸣. 传热学 [M]. 3版. 北京：中国建筑工业出版社, 1993.

[95] 贾力, 方肇洪, 钱兴华. 高等传热学 [M]. 北京：高等教育出版社, 2003.

[96] 王海霞. 板式地板辐射采暖传热性能的研究 [D]. 天津：天津大学, 2005.

[97] GB 50736—2012 民用建筑供暖通风与空调工程设计规范 [S]. 北京：中国建筑工业出版社, 2012.

[98] 刘学来. 建筑热桥内表面温度的计算及外保温措施 [D]. 西安：西安建筑科技大学, 2004.

[99] 张兰双. 低温热水地板辐射采暖系统传热分析计算 [D]. 大庆：大庆石油学院, 2006.

[100] 杨世铭, 陶文铨. 传热学 [M]. 3版. 北京：高等教育出版社, 1998.

冶金工业出版社部分图书推荐

书　　名	作　　者	定价(元)
建筑工程概论	亚　林　王玉琢　王　冠	46.00
建筑环境学辅导与习题	张亚平　郝改红	19.00
图说外国经典历史建筑——18 世纪末叶以前	王　丽　汪　江	29.00
建筑设计与改造	于欣波	45.00
建筑力学能力训练实用教程	郭　影　随春娥　常建梅	39.00
建筑施工安全专项设计	翟　越　李　艳	39.00
工程造价管理（第 2 版）	高　辉	55.00
高层建筑基础工程设计原理	胡志平　王启耀	45.00
老旧城区绿色再生保护规划设计案例教程	李　勤　贺英莉　陈雅斌	59.00
防灭火系统设计	张英华　高玉坤　黄志安	30.00
建筑结构基础与识图	赵　静	43.00
建设工程法规与案例分析	曾　晖	49.00
中央空调实用工程技术	孙如军　管志平	35.00
中央空调实用工程技术（第 2 版）	孙如军　陈　超	37.00
建设项目环境影响评价	段　宁　张惠灵　范先媛	69.00
环境监测与实训	邹美玲　王林林	20.00
环境监测创新技能训练	陈井影	28.00
环境监测技术与实验	李丽娜	45.00
工程装备电控系统故障检测与维修技术	杨小强　李焕良　彭　川	59.00